建筑与阳明文化

钟诗平◎著

线装書局

图书在版编目（CIP）数据

建筑与阳明文化 / 钟诗平著 . -- 北京 : 线装书局，
2024.3
ISBN 978-7-5120-5883-5

Ⅰ . ①建… Ⅱ . ①钟… Ⅲ . ①建筑文化—研究—中国
Ⅳ . ① TU-092

中国国家版本馆 CIP 数据核字（2024）第 040237 号

建筑与阳明文化
JIANZHU YU YANGMING WENHUA

著　　者：钟诗平
责任编辑：林　菲
出版发行：线装書局
　　　　　地　　　址：北京市丰台区方庄日月天地大厦 B 座 17 层（100078）
　　　　　电　　　话：010-58077126（发行部）010-58076938（总编室）
　　　　　网　　　址：www.zgxzsj.com
经　　销：新华书店
印　　制：廊坊市伍福印刷有限公司
开　　本：710mm×1000mm　1/16
印　　张：10.75
字　　数：160 千字
版　　次：2024 年 3 月第 1 版第 1 次印刷

定　　价：68.00 元

线装书局官方微信

前　　言

　　建筑是一门融合哲学、教育、军事、体育等多种文化思想和价值观念的综合性艺术，它承载着时代的文化内涵，反映着人们的智慧和审美情感。而阳明文化，则是中国传统文化中的一颗璀璨明珠，它蕴含了深刻的哲学思想、博大的教育理念、智慧的军事战略、积极的体育精神，以及丰富的文化元素。将这两者相结合，探索阳明文化对建筑领域的深远影响，是一项富有挑战性和前瞻性的研究。

　　本书的主题是"建筑与阳明文化"，旨在深入探讨阳明文化对建筑领域的思想体系、文化传承以及现代应用的影响。它分为五章，每一章都围绕阳明文化和建筑之间的关系展开，为读者呈现了一个全面而有深度的视角。

　　在第一章中，我们首先介绍了阳明文化的思想体系，包括哲学、教育、军事和体育等不同方面，以揭示其多元的文化内涵。阳明文化强调人的内在修养和道德伦理，这一特质对建筑的创作和设计产生了深刻的影响。

　　第二章着重于建筑文化的概述，涵盖建筑的定义、建筑文化的体系和建筑与文化之间的关系。我们还深入研究了阳明文化的建筑风格，以及其装饰元素在现代建筑文化中的应用，为读者展示阳明文化在建筑中的具体体现。

　　第三章探究了中国传统文化对古代建筑的影响，特别关注阳明文化与古代建筑的联系，以及其对中国传统居民和现代建筑的影响。我们还研究了阳明文化在乡镇建筑和村庄规划中的应用，揭示了它对社区建设的积极影响。

　　第四章聚焦于阳明文化在规划和建筑设计中的运用。我们探讨了中国古建筑装饰文化、绘画、雕塑和碑刻的文化解读，以及阳明文化如何启发现代建筑设计的思维和创新。这一章节展示了阳明文化对建筑师的创作思维的深远影响。

　　最后，在第五章中，我们展望了未来建筑文化的发展，重点关注了阳明文化与生态建筑、高层建筑的设计创新思维特质以及建筑师创作思维的影响。这一章节呈现了阳明文化如何与现代社会的可持续发展和创新相结合,为建筑界的未来赋予了新的启示。

本书旨在为读者提供一个全面的视角,探讨阳明文化在建筑领域的广泛影响,以及如何将其价值观融入当代建筑实践中。我们希望本书能够激发更多关于文化与建筑的深入思考,促进建筑界的创新与可持续发展,为我们的社会和文化贡献更多有益的思考和实践。

目　　录

第一章　阳明文化的思想体系

第一节　哲学文化思想

王阳明哲学思想的形成主要源自作者的人生经历,在经历了"龙场悟道"中感悟心即理、知行合一之说;历尽危难荣辱、起伏人生之后,自知天良未泯、坚守心中良知不可变,倡致良知之学。

一、"心即理"思想

"心即理"是王阳明哲学思想体系的基础,也是致良知和知行合一能够达成的框架性前提。"心即理"这一学说的提出,不仅使王阳明的心学对于传统的程朱理学提出了挑战,并且对于明朝中后期的思想走向和哲学体系的形成,产生了极为深刻的影响。

哲学思想的形成、哲学意识形态的出现都会受到当时社会环境、历史以及政治等方面的影响。在明朝末期,中国整体社会处于动荡和战乱的年代,社会中的自耕农绝大部分都处于破产状态,土地被地主占有,人们没有办法生存,这预示着明朝即将走向衰败。在社会中的思想主要是程朱理学,在这种思想的统治下,社会思想的发展整体都处于一种禁锢和沉闷的状态,此时就非常需要全新的哲学思想来打破这种状态。而王阳明的"心即理"学说在这个时代应运而生,王阳明终其一生都在研究心学,并将心学和社会实践进行融合,致力于让心学在社会思想中发挥作用,维持社会的稳定和秩序。

(一)"心即理"哲学思想的阐释

1."心即理"中"心"和"理"的阐释

关于"心"这个概念,在各个时代不同的哲学家中都有过不同的论述。以孟子的观点为例,认为"心"是人体的一部分,没有"思考"的意识。在王阳明的思

（图　王阳明石像）

想里不认同心是一种器官，也不相信心是一种智慧的源泉。王阳明在心学理论中，从三个方面阐释了"心"的涵义：

第一，"心灵"是人类的主观能动性和对事物的认知。这是一个人的认知。

第二，心灵控制着自己的肉体。身体的各个部位，不是单独存在的，而是由心脏来支配，也就是说，心脏是所有身体活动的源头。

第三，心灵的本意就是良心，这是人性最原始、最无私欲的根源所在。

由此可见，王阳明原以为，"心"即"德"，"心"即"良心"。他相信，在他的心里，有道德，没有思想。从这两个方面，我们可以看到王阳明的心学和程朱两家在"心"的论述上，差别不大。在朱熹看来，"气"是一切事物的源头；而王阳明则认为，"心"是一切哲学和生命活动的基础。王阳明主张"心即理"是一种自然法则，它既是社会的法则，也是自然法则。在自然界的层次上，"理"是在客观世界中不能改变的法则；在社会层面上，王阳明曾数次将三纲五常和社会阶层划分为"理"。所以，从社会的观点来说，"理"就是"阶级"的具体体现。

"理"是儒家思想中的核心概念之一，是宇宙的本性、规律和道理。在"心即理"中，"理"不仅是客观存在的普遍规律和真理，也是人类认识世界和实践生活的基础和依据。

儒家思想认为，"理"是宇宙的本性、规律和道理，是客观存在的普遍规律和真理。儒家经典《中庸》中说，"天理人情，先天下之忧而忧，后天下之乐而乐"；《大学》中也说，"大道之行也，天下为公，选贤与能，讲信修睦"。这些经典中所说的"天理""大道"，都是指宇宙间的普遍规律和道理。

在儒家思想中，"理"是人类认识和探究宇宙万物的基础和依据，也是人类实践生活的指南和准则。儒家经典《大学》中说，"大道之行也，天下为公，选贤与能，讲信修睦"，这是儒家思想中"理"的体现。

"理"是人类认识世界的基础和依据。在儒家思想中，"知行合一"是其核心思想之一，即认识和实践是相互依存、相互支持的。只有通过认识世界中的规律和道理，才能更好地实践生活；只有通过实践生活，才能更好地认识世界中的规律和道理。

"理"是人类实践生活的指南和准则。在儒家思想中，"修身齐家治国平天下"是其核心价值观之一。通过"修身"，人们能够更好地认识和把握宇宙的本性和规律，从而在实际生活中做到符合"理"的要求，实践"齐家治国平天下"的目标。

"理"是人类道德行为的基础和依据。在儒家思想中，"仁义礼智信"是其核心道德价值观之一。通过认识和实践"仁义礼智信"等道德准则，人们能够更好地实现自己的价值，也能够更好地实现社会的和谐与稳定。

2."心"和"理"的内在联系

"心"与"理"是程朱学派所认为的两种不同的哲学范畴，而王阳明则以"心即理"为理论，将"心"与"理"相结合。"心"是"理"的根本，而"理"和"心"的关系，则可以通过"心即理"这个哲学概念，很直观的阐述。从"心"和"理"的逻辑关系中，"心"是"理"的存在的必要条件。"心即理"是王阳明的哲学思想的基石，也是王阳明的全部哲学理论中首先探讨的主题。他从"心即理"这一哲学思想出发，提出了"知"与"行"的统一。从理论上讲，"心即理"的意思是：

"心"是"理"的根本,"心"是"理","心"和"理"不可分割。但唯有不断地自我约束,才能洗去良心上的欲望,让道德的光芒照耀在良心上。所以,心与理是不可分割的,是相互融合、相互依存的。

3."心"的理念与外物之间的内在联系

王阳明除了把"心即理"当作是哲学研究内容以外,他还在哲学体系中讨论了心外无物的学说。物质虽然是外物,但是物、"心"和"理"是存在着相互的沟通和联系。王阳明认为,外界事物有其存在的必然客观性,也就是说,外物的存在不会受到人的主观意识的影响,也不会因为人的主观意识而发生转移。但是,王阳明也强调外物和人的内心之间的联系非常紧密,他指出想要让外物发挥存在的价值,那么必须让外物和人的内心之间建立联系,只有这样外物才能展现出它对人类的价值与意义。所以说,虽然这些外物并不会因为人的意志而发生变化转移,但是它却需要人类赋予其存在价值,从本质上来讲,王阳明的心学其实是想要通过人类的意识在大自然中树立法则。

王阳明提出的"心即理"学说以及心外无物学说,它的本质是对孟子提出的有关心的概念进行的阐述和拓展。总体来看,王阳明是唯心主义者,他理论中的观点基本都从唯心主义出发。但是,他提出的这两个概念中体现了很多辩证法

(图　王阳明"立德立功立言")

理论。王阳明指出,想要认识自己的良知、想要了解世界、想要认识外物,那么必须通过实践的方式去了解、去认知、去掌握事物的内涵。所以,从这个角度进行理解,可以发现"心即理"学说对当时社会的发展依旧有指导作用,它依旧显现着智慧的光芒,并没有在时代的发展过程中被抛弃。

(二)"心即理"哲学理念的文化价值

王阳明提倡不拘泥于经文,凡夫俗子藉由自身修持,以知行合一之道,以知行为本;他们都有可能成为圣人。这一观点在后世有着深刻的影响。明末清初,资本主义经济的萌芽,也导致了人们的观念发生了变化。李贽以心学为根基,开创了"童心说",促进了当时的思想界和文学的个性意识和自我意识的觉醒。黄宗羲、顾炎武等人的先进思想,汤显祖的《牡丹亭》,蒲松龄的《聊斋志异》,曹雪芹的《红楼梦》,晚清的小说,都是反映人性、反省人、个人独立的文学作品。

（图　王阳明）

1. 学术角度"心即理"的文化价值

"心即理"在学术上的突破,主要表现为"心即理"对陆九渊心学的发展和程朱学派的改革。王阳明的"心即理"理论,在学术上继承了陆九渊关于"心"这一哲学范畴的观点,并以陆九渊的心学理论为基础,进行了很大的扩展。陆九渊和朱熹,都是宋朝的人。那个时候,陆九渊就已经深深地认识到了程朱学派之间的矛盾是无法调和的,而陆九渊和朱熹更是在学术上进行了一场激烈的争论。在陆九渊看来,"心"和"理"应该是统一的,而不是互相分离的。

陆九渊提倡"心即理",他认为社会规律与自然规律应当与良知相互融合,不可分离。陆九渊的这一思想,与王阳明的"心即理"思想是一致的。不过,陆九渊的"心即理"理论,并没有对客观和外部的约束进行深入的思考。他相信,人类的心灵,即人类的良心,是由外部环境所制约的。他虽然对"心即理"的思想进行了阐释,但事实上,他也被封建伦理所束缚。与陆九渊不同,王阳明的"心"理论完全推翻了陆九渊在心学上的缺陷。他认为,要使人的良知和意志得到锻炼,就必须通过对事物的锻炼,使人的内功和外在的内功相结合。唯有在遇到困难的时候,才会让人的良心和心境得到锻炼,所以陆九渊把"心即理"的理论,加入了一种实践的味道。无论是从理论上的突破还是从实际意义上来说,都是对陆九渊的超越。

2. 道德规范角度"心即理"的文化价值

王阳明的"心即理"学说可以用来规范人的道德品质,它可以引导人的道德向善良的方向发展。纵观王阳明的哲学体系,他始终都在强调道德的重要性,王阳明的哲学体系在明代中期及天期建立起来,当时正是程朱理学盛行的时期,社会思想基本都由程朱理学统治。但是,王阳明发现了程朱理学存在的弊端。即把"心"和"理"进行了分离,也就是说将人的良知和行为分开了,所以人们在看待"心"和"理"的时候,是以一种相互割裂的视角去看待的,这使得人的良心没有办法完全对人的行为进行指导。所以,王阳明指出,从相互割裂的角度去看待"心"和"理"会导致良知的不纯粹,这种情况下的良知并不是真正的良知。因此,他在研究的时候致力于解决"心"和"理"之间的分离问题。所以他从"心"和"理"概念的结合角度入手,将人的行为和良心进行了结合,他把社会道德规范、人的行为都当作是人内心的良知,并要求人的良心必须向着善良的方向发展,人还要时刻的进行自我反省,在良知和行为结合的前提下,人的良知才能更好的发挥对人行为的指导和改造作用。

在"心即理"学说的基础上,王阳明对知行合一以及致良知这两个概念进行了深入的阐述。虽然"心即理"概念没有阐述良知的本源,但是它为良知和道德规范之间的融合以及运用确定了方向。这种良知和道德规范、实际行动之间的融合也适用于新时代，它可以指导人们修身养性，规范自己的道德品质。

3. 从政治角度"心即理"的文化价值

王阳明的"心即理"学说在政治引导方面也有巨大的价值，王阳明当时提出心学主要针对的是明朝的政治环境。王阳明强调如果想要改变世道的发展，那么必须从人心治理的角度入手。他指出社会要团结、要和谐，那么这个社会中必须有大部分的成员有良心，要有大多数的成员愿意为了自己的良心发展下功夫，只有社会的人愿意把良心和实际行为进行结合，统治阶级才能将自己推行的意识形态或观点真正的推行到社会范围内，真正的做到社会的稳定。如果统治阶级提出的统治政策只是流于形式，还没有真的让政策涉及到人的本心，那么所有的政策也必然无法得到真正的贯彻和执行。所以，当下政治政策的推行可以借鉴于王阳明提出的"心即理"观念，可以从中获得一定的启迪。

王阳明提出的心学是我国国学的重要部分，在理解他的心学时，可以通过"心即理"哲学概念为入手，点去探寻他提出的心学所具有非同寻常的价值和意义。

二、"知行合一"思想

（一）"知"的内涵

在王阳明思想观点中，"知"的意思就是人的"良知"，也是"知"的所有基本含义；而"行"，则包含着两个方面的含义：一方面是亲身实行，也就是实践的意思；另一方面是行为的出发点，即动机。王阳明认为，天地之性就是人性，人代表着世间万物的本性，世界的美从人的身上得以完全的体现。只有通过人心，才能觉察到灵明所在，人心将世间万物的法则和精髓都体现了出来。而人的良知又将"天理"表现了出来。因此，他认为"心"就是"天理"，即"知"是"理"的所在和灵性。在具体的表现上，如人知道敬爱自己的亲人，这就是灵性。如果没有被私欲掩盖，能够充分地发挥出来，这就是人的本性。

朱熹将"知"与"行"分开，将"道心"与"人心"也分成不相干的两个物象，而王阳明的观点恰好相反。王阳明对"心"进行了更加详细的论述，从整体和抽象两个方面，认为人只要不被"私欲"蒙蔽，不受到外界的不良侵扰，天性的"心之本体"既能够得到升华,成为"良知"。

王阳明认为,"良知者,心之本体,即前所谓恒照者也",通过其能够看清天理自然和自己的真诚的本体形象。天理存在于人的心中,并且具有极强的能动性,促使着人积极主动地进行活动。天理中包含的自觉性就是良知的外在体现。王阳明这样定义良知:"良知即是道"。不管在普通人的心中还是圣贤的心中,良知的本质都是相同的。只有摆脱了物欲的遮蔽,依照自己的天性的良知发挥出去,都将成为道。心是人的良知的本体,但又具有超过其具体形态的功能,指挥着心的行动。因此,天理、人心通过良知得以体现出来,两者互相融合成为一个整体。

最开始,王阳明提出知行合一的主要的目是纠正程朱理学的偏颇之处,让社会不要陷入到程朱理学制造的思想困境中。概括来讲目的可以分成两个:首先,纠正当时贵族阶级中的堕落之风,在明朝中期,社会的贵族阶层追求物质方面的欲望强烈,不再遵照社会宗法的要求,整个社会的风气非常恶劣,加大了社会的思想危机,王阳明为了对社会不良现象进行补救,才提出了知行合一的概念;其次,纠正当时社会出现的衰败风气,王阳明对孟子提出的性善论进行了继承和传播,他指出,每个人在刚生下来的时候都是有良知的人,可以自觉地关爱父母、关

心他人,也就是说人是存在恻隐之心的。但是,通常情况下人的内心又没有那么的坚定,很容易受到自私欲望的蒙蔽。所以人需要通过伦理教化的方式克服私欲的产生,按照社会的纲常伦理来规范自我行为,这样人的良知就可以更好地发挥规范作用。

"良知"是一个没有善恶的概念,即无善无恶。天理是其"至善"。如果感觉到了善恶就是主体的心意发生了变化。王阳明认为:人的良知是没有善恶的,但在功能的发挥上,行善还是不行善都有着行为表现。良知在心里没有表现出来时,人人都具有。但不能被物欲所

(图　王阳明先生龙场悟道处阳明洞)

蒙蔽,因此,人必须学习怎样去除掉这些昏蔽之物。在王阳明的眼中,良知是"未发之中"之体,即本人之体,也就是良知的原始之体,尚未被任何物欲干扰,处于天然的原始状态。如果出现了不善的行为,则说明物欲昏蔽了"心"之体,从而致使心体不纯。王阳明继承了"人性善"的学说,并在此基础上进行了扩展。他说,人在初生时,心里的善都是相同的。但人的性格则有刚柔之分,刚的人学习行善就成为"刚善",学习作恶就成为"刚恶";而柔的人学习行善就成为"柔善",学习作恶就成为"柔恶",于是,两类人就逐渐拉开了距离。

人之初带来的善会因为时间发展以及环境变化而发生改变,尤其是受到后天致知的影响,这种变化会更明显。在人刚刚出生的时候,人的良知是不会受到物欲的影响,这时候的思想状态更加的晶莹剔透。

在晚年的时候,王阳明对良知作出了进一步的探索,他认为良知就是知善知恶,人在道德品质以及情感方面会喜欢善,不喜欢恶,但是人对善与恶的知道与了解则属于道德判断层面。这种判断层面和情感品质层面有联系,也是有差别的。人情感方面对善恶作出的倾向是知善恶的基础,人对善恶做出的判断则属于更高层次的意识,人只有在道德情感方面先有了基本的认知之后,才能形成更高层次的意识。判断良知也正是由道德情感以及道德判断能力衡量的。人们对善良和丑恶做出的情感倾向代表的是人的品质,它是在感性范围内进行的讨论,但是人对善良和丑恶的知道、了解、判断属于理智范围内进行的讨论。王阳明指出,如果有诚意地进行修行就可以做到感性方面的善恶判断。但是,如果想要做到理性方面的知善恶,就必须在实践上面下功夫,不断的通过实践来提高自己对善恶的判断能力,这种能力的养成需要花费的时间比较长,究其一生也没有尽头。

综上所述,可以发现王阳明,他认为知行合一和是非之心观念是统一的一个整体,他认为明辨是非还是需要依靠于良知。

(二)"行"的内涵

古代的"行"一般解释为"道",而王阳明的"知行合一"概念中的"行",包含的内涵十分复杂,有着多种含义:除了表示"知"的基本属性,还体现着"知"

的行为活动,以及"致良知"的工夫和"知"的检验方法等等。总之,他所说的"行",包含着一切主观意识活动。"夫学、问、辨、行,皆所以为学,未有学而不行者也"。意思是学、问、思辨都属于"学"的内容,而"学"就一定要"行"。

例如,人要学习孝道,就要亲身去服侍双亲;人要学习射箭,就要亲手去练习。因此,"学"的过程,也是"行"的过程。王阳明说:"盖学之不能以无疑,则看问,问即学也,即行也;又不能无疑,则有思,思即学也,即行也;又不能无疑,则有辨,辨即学也,即行也。辨即明矣,思即慎矣,问则审矣,学即能矣,有从而不息其功焉,思斯之谓笃行。"在这段话中,王阳明详细地阐述了"学"和"行"的关系,因为学习就会有不明白的地方,于是就会问,问的过程既是"行"也是"学"。同时,人有疑问,就会思考。思的过程既是"行"也是"学"。在思考的过程中,人便会就会进行辨析,辨的过程同样既是"行"也是"学"的过程。整个学习过程就是笃行躬耕。

(三)"知"与"行"的关系

在朱熹的理论中,他的研究更加侧重对知的部分,对于实践部分比较忽视。但是王阳明觉得他的这种理论存在不足,通过当下社会中的失德现象就可以看出这些理论已经展现出了弊端。所以为了改变这一状况,他提出应该做到知行合一,改变之前知而不能进行实际行动的社会局面。王阳明认为,这种社会弊端的治理必须利用知行合一的方式,他在提出知行合一学说的时候,并没有对之前

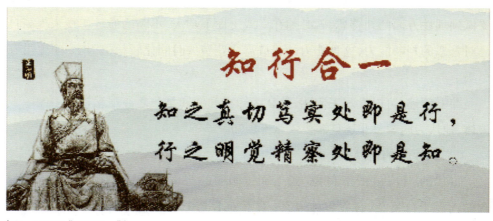

(图 王阳明"知行合一")

程朱理论中的内容进行全盘否定。他从"知而能行"入手开始推行他的知行合一观念，他曾经强调"未有知而不行者，知而不行只是未知"，他指出真知既包括知也包括行，他认为真知的含义是真实的知道了解，并且会在实际中践行。王阳明指出，人应该控制自己的食欲，真正的做到知行一体，将人天生带来的良知重新地展现出来，并将其积极作用发挥出来。

"知行并进"的理论基础是"心理合一"，人的一切学习思维活动都是"行"，他们不但是一个统一的整体，还都从"行"上体现出来，最终归结到"行"上。这种观点充分凸显出"行"的重要性，一切的活动都在于最终的"行"。只有躬行践履才能获得义理之道。只有将学、问、思、辨、行看作一个统一体，才能实现"知行合一"和"知行并进"，才能实现它们的价值。

在王阳明的观点中，知行本身就是相互促进和相互渗透的，并且通过相互联系来产生相互作用。

王阳明还指出所有行动的开展都需要知作为其基础。王阳明经常使用"始""终"这样的字词，对知行关系进行解释。他似乎一直在强调知行之间存在顺序的关系，但是不管顺序是什么样的，在进行知行结合的时候，都会对彼此产生影响，都会产生相互作用。行需要以知作为基础，知也会在行当中得到更好的完善与优化，最终的结果就是实现知行一体、知行合一。

三、"致良知"思想

"致良知"是王阳明晚年论学的宗旨，也是王阳明对自己心学思想最简易的概括。"致良知"思想的提出是王阳明自身思想演变的必然结果，但也经历了艰辛的心路历程。

"良知"一词语出《孟子》，孟子说"人之所不学而能，其良能也。所不虑而知者，其良知者，其良知也。"在这里，"良知"指的是先验的道德意识。王阳明将"良知"引入自己的哲学体系，并丰富、拓展了其思想内涵，发明了"致良知"学说，并使之成为自己哲学的核心思想。

（一）良知本有

王阳明认为道德本体就是良知，认为良知的本质应该是天理，也就是说良知指的是能够体现形上之本体意义的普遍道理。王阳明也指出，每个人都具有良知，并不是说只有圣人才可以有良知，良知是每一个人都有的，而且每个人拥有的良知并没有任何的分别。

儒家学派一直追求圣人，把圣人当作理想的人格典范，认为人能够达到的最完美的境界就是圣人。王阳明提出每个人都具有良知，那就说明每个人都有可能成为圣人或者是说人的心中本来就存在圣人，他曾经说每个人的良知和圣人的一模一样，如果个体可以明白自己的良知，那么圣人就是自己。与此同时，王阳明还强调每个人先天带来的良知是没有办法泯灭的，但是，良知只存在于人的潜能当中，并不是说以德行的现实形态存在，也就是说，虽然良知可能永远存在于人们的心中，但是人们也有可能没有办法察觉到良知的存在。特别注意良知很容易受到私欲的影响，所以，所有人都是圣人这一观点是从良知本体的角度来讲的，并不是从良知的实际存在状态来讲的。所以，现实社会人只能是说他有潜力成为圣人，但是想要成为真正的圣人，还需要个体不断地进行道德修养。

（二）良知即准则

王阳明把良知和孟子提出的"四端"之心进行了结合，他认为可以将"四端"在一定程度上概括出是非之心，所以他指出良知就是是非之心，也就是说，依据良知可以进行善恶的判断，并成为善恶判断可以使用的唯一标准。对于个体来讲，必须要具有良知才能知道善恶，由此可以知道个体行为准则在生活中对自己的道德要求都受到良知的影响，也正是因为良知的存在，人才可以对自己行为的正当性作出判断。因此，对社会中个体的生活来讲，良知是对其行为的规范，良

（图　王阳明"致良知"）

知也是其道德发展的约束。需要特别强调一点：每个人的内心中都有自己的良知。所以，良知指的不仅仅是圣贤，它对社会中的所有人都有范导意义，在这样的情况下，良知就可以成为整个社会人民信仰的行动准则，而且这一准则还会受到社会所有个体的认可。

从王阳明的学说中可以看出，即便是盗贼也是有良知的，他的良知也会告诉他行为是否正确，这种良知也会谴责盗贼的内心让其感到羞愧。所以，良知对个体有更强的自我约束功能，他对个体的自我约束有助于社会秩序的稳定、和谐。

（三）致良知即格物

良知人人具有，个个自足，是一种不假外力的先验道德本体。并且，良知知是知非，能够成为日常行为的规范与准则。然而，良知本然上只是一种潜能，甚至会受到私欲的遮蔽而迷失。所以，必须要通过后天的工夫从正面保证良知"充塞流行"，从负面"胜私复理"。这种功夫王阳明称之为"致良知"。王阳明将"致良知"落实于"格物"之中。"格物"一词最早出自《大学》，是儒家重要的道德认知和修养方法，对后世影响深远。至朱熹，"格物"的内涵获得了系统阐发，"格物"的内容不局限于人伦之理，亦包含自然之理。然而，不论是人伦之理，还是自然之理，在朱熹看来都是外在的事物之理。因此，"格物"必须要通过应接事物的方式才能完成，"格物"的过程就是向外求索的认知过程。与此不同，王阳明训"格"为"正"，以"物"为心内之事，那么所谓"格物"，就是"去心之不正"，亦即正人心。故王阳明摒弃了朱熹"格物"思想中包含的外向性求物之理的知识论倾向，完全转向了追寻内在德性的立场。

简单来说，王阳明提到的"格物"指的是"格心"，以此为基础，他将致良知解释成了"格物"，也就是通常情况下说的正人心之"不正以归于正"。具

（图　作者现场查看乡村阳明建筑进展）

体来讲,它的含义主要包括两个:首先是"正其不正",也就是把自己的私欲之心剔除掉,让自己迷失的心得以拯救;其次是"归于正",也就是让良知可以发挥作用指导其行为,"格物"除了正己之心之外还要正人之心,也就是说,要将自己良知中认为善良的那一部分具体的落实到对待事物的过程中,也就是说要做到致良知。

第二节　教育文化思想

一、阳明教育方法及内容

王阳明在哲学和教育领域做出了杰出的贡献,他认为教育学生能给他带来快乐。因此,在他升官后创办书院,传道受业;在他官场失意时,仍然不忘教育。

王阳明所说的"知行合一"学说,让我们理解了认识与实践的关系。知是人的思想意念和道德意识;行是人在生活的具体行动和道德实践。所以,所说的知与行的关系是道德意识与道德实践的关系,某些思想意识和生活中的具体行动也包含在内。具体包括如下两层含义:

王阳明认为,知与行密不可分,有知必有行,有行必有知,知与行紧密相连。他又将知与行融合为一个整体,知等同于行,行等同于知,二者包含彼此、知行合一。

王阳明认为在道德教育上必须做到知行合一,严禁知与行相背离,指出个人的行动能够反映其道德素质。从道德教育的角度分析,这是非常有意义的。在道德教育过程中,道德意识与道德行为密不可分,二者互为依存,缺一不可。知一定

(图 《王阳明先生全集》)

通过行来表现,否则就是不知,或者是知行背离。一个人如果具备一定的道德意识和道德认知,就会在行为上反映这些道德意识和道德认知,如果行为上无法体现就不是真知。王阳明认为"良知,无不行。而自觉的行,也就是知"。道理非常深邃。

(一)阳明教育的方法

王阳明通过新的教育方法推行其"知行合一"的思想。

1. 静处体悟。就是通过静坐,不去想任何事,让自己的内心安静下来,同时对自己的行为进行深刻的反省。这是受到"面壁静坐"思想的影响,更是继承并发展了陆九渊"自存本心"和董仲舒"内视反听"的思想。

2. 事上磨炼。单纯的静处体悟无法做到知行合一,所以,王阳明又提出人们要在实际生活中历练自己,如果不去实践行动,仅仅将道德修养停留在口头上,无没有任何意义,只有将道德修养与生活联系在一起,才能提高人们的道德品质,才能将知与行紧密联系在一起。

3. 省察克治。王阳明学习了儒家学术中的"自讼"和"内省"等有利于个人修养的方法。他在"克己内省"的基础上进行了创新,他提出要敢于面对自己存在的问题,发现问题之后要积极的去改正。要严格要求、约束和克制自己的言行。学习真理的同时,要用真理与自己的私欲抗衡,真理胜利,则说明道德教育是有用的,反之,则说明道德教育失败。

王阳明以学生教育为中心,以"致良知"为基本要求。他认为从人的发展规律来看,学生保存的良知最多,没有受到外界事物的影响,因此要特别重视学生时期的教育。

王阳明表示,在教学过程中,要根据学生的年龄,选择合适的教育方法。学生喜欢无拘无束的感觉,害怕被限制自由,好比新萌芽的小草,当顺应其时就顺利生长,伤害它时就阻

(图　作者在授课阳明建筑相关知识)

碍其生长。因此，王阳明认为在道德教育过程中，要从学生这种特点出发，采用鼓励式的教育方法，让学生看到自己的优点和长处，有利于学生成长和道德教育的开展。

在学习过程中，学生要养成独立思考的习惯，严禁个人崇拜，要通过自己的学习和实践获得知识，切记跟风学习。王阳明认为，要培养学生独立思考的学习习惯，不盲目跟风学习。在这样学习环境下培养的学生，他们在以后的学习、工作和生活中，会有自己独立的见解，不会盲从于其他人。在学习中，他强调学生自我的解化。"求之于心"是学习的核心，读书是学习的一种途径和方法。举个简单的例子，一个人的腿脚不好，走路一瘸一拐，他需要拄拐才能跟正常人一样走路。王阳明教育思想的一个突出的特点就是培养学习独立思考，拒绝跟风和迷信权威。

除此之外，王阳明认为教学中要注意事物发展的规律，讲究循序渐进的过程。学生接触事物和学习是按照一定的规律进行的，以"精气日足，筋力日强，聪明日开"的顺序进行发展。从呱呱坠地的婴儿到健壮的成人都呈阶段性生长。以种树为例，何时种，何时浇水，何时修剪枝叶都是有时间要求的。学生达到一个年龄阶段都有其相应接受事物的能力，教师要根据学生接受事物的能力开展教学工作，传授学生能够接受和理解的知识，这样有利于学生学习，还能使教学任务顺利的开展。如果忽视学生的年龄阶段和其接受事物的能力，教师教授较深或者较难的知识，学生难易理解；教授较浅或者过于简单知识，学生就缺少学习的动力和挑战性，都不利于学生的学习和教学工作的开展。

王阳明还认为每个人的资质和才能是不一样的，教师要深入了解学生优势和缺点、挖掘学生的才能，因材施教。这

（图　崇义阳明中学入口处）

与看病的过程大同小异,大夫根据每个人的病情开药,即使病情一样,患者的表征不同,开的药也是不同的,这样从病人的实际情况出发进行治疗,每个患者都会药到病除、早日康复。教育与治病如出一辙,一切要从学生出发,因材施教。

（图 崇义阳明中学内景）

总而言之,王阳明认为每个学生的个性都不同,每个学生的资质和才能也不同,因此要从学生出发选择合适的教学方法,利用有利于学生发展的教学方法来激发学生的潜力,促进学生学习。如果采用一种方法进行教学,势必会不利于大部分学生的成长和发展。

（二）阳明教育的内容

在教学内容上,王阳明认为可以利用读书、习礼和诗歌来启发学生学习,有利于培养学生高尚的道德情操。

第一,"讽之读书"。学生通过读书启迪人生,增长知识,树立远大的志向,培养道德情操,提高道德修养。

第二,"导之习礼"。学生通过学习礼仪达到受教育的目的,让礼仪成为学生的行为习惯;提高学生的道德修养,在生活中用礼仪来约束自己的行为,使每个

（图 崇义阳明中学阳明风采）

人做到胸怀坦荡；学习礼仪有利于学生之间的交往，会使学生之间相互敬重、相互理解、求同存异、和谐相处。

第三，"诱之诗歌"。可以采用唱歌吟诗的方法开展教育工作，学生在学习诗歌时，学生会被诗歌内容感染，欣赏优美的诗句，有利于学生道德品质的培养；在朗读诗歌的过程中，学生可以宣泄自己的情绪，表达自己的内心感受，对学生的学习有促进作用。

除此之外，王阳明认为"考德"这个学科对学生的学习和成长至关重要，能够培养学生的道德情操。具体要求是，每天早晨检查学生在家里的言行举止，在"忠信笃敬""步趋礼节""爱亲敬长"等方面的表现情况，教师要根据学生的实际情况进行鼓励和引导，然后再进行教学。

二、阳明教育的特征

评价人物思想是研究人物重要组成部分，这是因为，人物思想研究者所选择的研究视角不同，即使是对同一人物的同一观点，也会使不同的学者也会获得截然不同的研究观点和研究结论。对阳明教育的研究从古至今呈现出两种极端化的观点。除此之外，从对我国古代传统思想道德教育资源扬弃为目的角度，王阳明教育思想的双面性需要进一步明确。由此可见，客观且全面地评析王阳明的教育思想具有客观必然性。

（一）阳明教育思想的总体特征

1. 继承与批判相统一

程朱理学是阳明学的发源根基，但阳明学逐渐发展成为了程朱理学的对立面，并对南宋陆九渊的心学精神进行了发扬，围绕《大学》的中心，并结合自身的生存体验而不断深化和发展建构而来。很显然，这一建构过程对阳明学的理论渊源和发展过程进行了简明扼要地概述，同时，也是对王阳明

（图　赣州阳明书院内景）

教育思想的理论继承和自我发展基本特征的展示。

（图 崇义博物馆《良知楼》牌匾）

根据王阳明教育思想的主体内容，他所提出的"心即理""致良知"以及"知行合一"学说，其深刻的理论渊源由来已久。最早提出"心即理"观念的是南宋陆九渊，他认为心学是圣人之学的本质。以此理论思路为基础，王阳明进行了继承，并以此为阳明学的逻辑起点进行了全面发展。王阳明认为，孟子之后，心学思想的集大成者唯陆九渊，尽管他沿袭了先贤思想而拥有了思辨学问，并提出了格物致知学说，但并不是所有人都能体会到陆九渊学说中的本原道理。同样地，"致良知"理论中的良知最早体现在孟子的良知良能说。在王阳明的阳明学说中，良知即为是非之心，这与孟子所倡导的"四心说"具有某种内在关联。而在论述知行关系的问题上，自古以来便得到了儒家学者的关注和争论。所以，继承先贤思想理论成果在王阳明教育思想主要内容中的体现比比皆是。

对前人的继承绝不意味着照本宣科地生搬硬套，而是以先贤的思想理论成果为基础，结合自身的生存体验，经过更深层次地钻研而来，是大胆扬弃先贤思想主张的结果。举例来讲，尽管王阳明对陆九渊的"心即理"说进行了继承，但也鞭辟入里地指出了其思想主张中理论的局限性。

在王阳明看来，陆九渊先生的学说能够与濂溪、明道的学说相媲美，其主张具有深远的影响力，然而明显的粗糙性也是其不容忽视的缺点所在。因为，针对"心即理"说，陆九渊所强调的重点是在心上用功，然而其粗糙之处却经不起细细品味。除此之外，尽管自孟子之后，陆九渊提出的"心学"有一定的见解，却是对程朱理学的沿袭，也就是"沿袭之累"。比如，在旧的理论学说影响之下，陆九渊在阐释格物致知说时就陷入了一种"见得未精"的困境。对此，学者们只不过是从陆九渊的说法中获得了一个要略，即心学系统的粗略模样。只有到了王阳明时期，才以一种更加详尽的形式阐述、丰富和完善了这一系统。与陆九渊相比，王阳明所提出的心学内涵更加丰富。而陆九渊尽管提出了学者应当在历练和修养提升上下功夫，以懂得人情事变，但这种功夫更多地是指向内功夫。比如，王阳明主张人若想有所建树，就需重视内外兼修，这与陆九渊所认为的"精神全要在内，不要在外。若在外，一生无是处"观点相互对立。

程朱理学曾在明朝时期获得当朝统治者的高度认可和遵从，一度成为统治思想，由此可见程朱理学在明朝时期具有较高的权威性。而王阳明不畏世人异样眼光，毅然决然地深刻揭露和批判了朱熹理学的固有缺陷，以及在程朱理学影响下的学术弊病问题。比如，在王阳明看来，朱熹提出的格物并非对孔子观念内涵的延续，而是一种"缺乏头脑的牵强附会"，本质上来讲，没有体现问题的根本和关键。除此之外，根据王阳明的观点，相较于《大学》旧本，朱熹注解的《大学》其实是错误的范本。同时，他还否认了朱熹的"新民"注解，充分论证了"亲民"说。

2. 独立与系统相兼顾

存在于王阳明教育思想体系中的各个部分都是相互独立存在的完整个体，这就是独立性的内涵。系统性是与独立性相对立存在的概念，指的是构成相对独立性的各个组成部分之间存在的密切相关性、相互融合性和彼此相互支持性。基于"心即理"概念形成的本体论；基于"知行合一"理念为中心的认识论；围绕"致良知"而存在的修养学说是构成王阳明教育思想的三大核心内容。从这些思想理论的形成过程的角度看，源远流长的理论起源和相关的时代背景是揭示其中任一学说的共性。同时，每一学说都体现了在不同的人生阶段，王阳明对自身学习体验、思想体验和生存体验的不断深化。更重要的一点在于，主体思想在不同阶段的发展和走向成熟、完

（图　崇义－王阳明博物馆）

善的趋势,都通过每一部分内容的提出得到了集中表现。

从整体与部分关系的哲学思想切入点来看,尽管王阳明教育思想的主体内容涵盖了以上三个主要部分,但是,每个部分的内容又具有相对独立的揭示思想理论的时间和内容。因此,以上三个部分内容的简单叠加

（图　崇义博物馆内景）

并不是王阳明教育思想体系的本质,其更重要的内容在于单个部分内容之间是具有严密逻辑关系的思想体系。同时,三者之间相互融合,共同构成了一个渐进的、动态发展的理论系统。举例来讲,倘若学者想要获得对"知行合一"说、"致良知"说全部内涵的真正理解,同时对致知功夫的次第安排有更深刻的体会,就需要深入了解王阳明的"心即理"说,尤其是对《大学》中对"格物"说的独特阐释。

对王阳明教育思想的系统性进行理解,还应重点把握另一方面的内容,那就是王阳明所选择的独特视角和思维逻辑。对于二维对立的思维方式,王阳明在对事物之间关系问题的把握上进行了强烈反对,相反地,他对关系问题的审视和思考总是以一种更高的平台为切入点。所以,他总是可以很好地协调和融合其

理论视域中相互对立的两个关系范畴。比如,王阳明以"一体观"和"系统观"来分析问题,就在他的道问学即尊德性、思只是思其所学、心事合一、动静只是一个、穷理只是一事、善恶只是一物、居敬、体用一源、知行合一、上达只从下学而来、事即是

（图　崇义博物馆内景）

（图 崇义博物馆内景）

道等观点中得到了很好地体现。

3. 认识与实践相结合

王阳明思想的一大显著特征就是认识与实践的有机结合，而对这一点进行深度论证的一点便是王阳明所倡导的良知说与致良知之教。

良知说的提出，是王阳明反思当时世人社会生存状态的结果，是深重忧虑知识分子人生观和价值观的集中表现，特别是反思和批判由于良知逐渐丧失所导致的主体德性荒芜。对王阳明所主张的致良知说进行理解，主要包括两层含义：首先是良知的自知和自明，在王阳明看来就是人们对自己良知的不断呼唤，从而使得良知常应常在。也就是说，真正建立思想政治教育过程中所讲的主体性。那么，诚意、正心便是主体呼唤自己良知的条件，也就是说在观照自己真心的过程中就需要不断反省和反思，从而真正实现对自己良知的自知与自明。然而自我的良知建立只是一个开端和基础环节，修养功夫却并没有最终完成，其最终目的在于自我展现和对外显现主体性。根据王阳明所反复强调的"事上磨炼"本质上来讲就是致良知的过程，而实践的方式就是实现良知自我展现的主要途径。

而从属性上来讲，道德教育活动带有明显的实践性。对认识和实践的双重

（图 阳明之城古城墙遗迹）

兼顾是王阳明教育思想中较为重点的内容。而以知行合一的观点为基础,在王阳明的讲学和引导过程中,学者们也接受了王阳明"反身实践、切己用功"的思想教育。在具体事情上反复磨炼是王阳明的一贯主张,因为这样才能进一步明朗自身的良知,才能让主体用明确的是非观来处事。需要特别说明的是,带着明确的目的在具体的事件中进行反复锻炼,并不是王阳明所说的事上磨炼的本质,更深层次的意义在于让个体立足自身的职业生活、家庭生活和各种人情世故来在各种具体事上有所体验和领悟。举例来讲,经过王阳明的指点,一名地方官便以其日常办理的公务来加深对格物致知观念的体会与感悟。

总之,丰富学问积累、提升自身修养与实际相互联系是王阳明对学者学习的基本主张,他认为只有建立在实际和现实事物基础之上的论学与日用常行相结合的学问才能称之为真才实学。从这个角度来讲,王阳明思想的一个显著特征就是建立起认识与实践之间的密切联系。

(二)阳明教育思想的闪光点

1. 务实救弊的宗旨

明朝中期朝廷被宦官把持,朝廷内宦官腐败,社会出现了各种各样的尖锐矛盾。面对这样的社会环境王阳明非常忧虑,他指出明王朝之所以会形成当今这样内忧外患的社会局面,是因为明王朝的士风日衰,而社会风气之所以会日渐颓败,是因为当时社会没有形成明确的圣学,社会盛行的全是一些歪门邪说。举例来说,当时社会上存在很多学术流弊的现象:士风日偷,风教不振;学者牵制文意,琐屑支离;学者舍心求外,务外遗内;士人多追求功利,自是好名。王阳明针对这些现象明确指出,当今圣学不明,学术流弊最重要的原因就是"认理为外、认物为外",如果长此以往,那么社会的

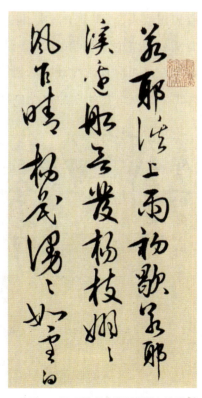

(图 王阳明草书《若耶溪送友诗稿》)

学者必然会执行脱节，必然会务外遗内。

　　举例来说，当时社会中务外遗内现象就非常严重，虽然学者们也会讲学，但是他们不是为了掌握知识，而是为了追求知识的口耳相传，也就是说，他们想要通过知识提高自己的社会声誉。所以，他们在教学的时候，更喜欢谈论一些捕风捉影或者是一些悬空高论的内容。这种日渐颓败的社会风气引发了很多社会问题，社会上各种混乱现象频频出现。面对如此严峻的学术流弊现象，王阳明强调，一定要重视这些问题带来的不良影响，一旦社会上学术流弊现象积攒的比较多，社会必然会走向崩溃。在这期间，王阳明到处奔走相告，呼吁人们纠正这些学术弊病，在当时完全不顾及个人得失与荣辱，他竭尽所能规劝讽喻，将那些耽误学术发展的事实公之于众。从这一点可以看出王阳明对圣学的回归报以热切的期望，对当前的现状有深深的忧虑。

　　对于名儒来讲，在思想理论方面可以获得一些成果非常重要，但是，对于这些思想家来说，注重于事实，将当前存在的学术弊现象彻底的揭示给公众也是非常需要勇气的。明朝的时候，程朱理学是官方认证的学术，它代表学术的权威，如果在那个时代去批评它的错误及存在的学术弊端，那么可想而知需要有多大

的勇气，需要面临多少困难。王阳明曾经也说过，他之所以要指出程朱理学的不足，之所以不害怕其他学者的讽刺是因为当时的情况实在是没有更好的办法，虽然他自己的力量很有限，但是作为学者，他自身的责任感以及使命感都要求他要担起天下兴亡的重任，要忧国忧民。

　　2. 兼采众长的学术态度

　　王阳明的学术强调包容性，强调应该集众家之所长为我所用。在他的思想中这种包容性随处可见。王阳明的学术思想中包含了儒家、法家思想的因素。

（图　王阳明）

（1）儒家思想

王阳明尊崇儒家传统，认为儒家思想是中国古代文化的核心。他倡导"致良知""格物致知"等概念，强调人的内心有着道德感和良知，是实现自我完善的重要途径。这与儒家思想中的"仁""义"等概念有着很大的关联。

（2）法家思想

王阳明对法家思想也有所包容。他认为，法家思想中的法律制度可以规范人们的行为，但是这种规范是外在的，不足以达到真正的道德自律。他主张人们应该通过内心的感受和理解来实现道德自律，这与法家思想中的"治外法度""内圣外王"等概念有着相通之处。王阳明的学术思想中包含了儒家、法家思想的元素，但他并不是简单地接受或继承这些思想，而是在对其进行批判性反思的基础上，形成了自己的理论体系。他认为，只有通过认真思考和实践，才能真正理解和实现儒家、法家思想中的精髓。

3. 有条不紊的功夫系统

王阳明在教育思想中提出的功夫系统是非常重要且具有独特性。当今的教育家也非常关注王阳明提出的功夫系统，王阳明本身提出的是功夫论，而之所以被称之为是功夫系统，是因为论述内容非常有条理且清晰。他的弟子也指出，阳明思想中功夫论是非常重要的部分，而且内容也是属于所有思想中的精华部分。具体来讲可以将其分成以下六个部分：格物——诚意的功夫；明善——诚身的功

（图　阳明授学图）

（图 《传习录》）

夫；穷理——尽性的功夫；道问学——尊德性的功夫；博文——约礼的功夫；惟精——唯一的功夫。这六个部分的内容对于不太了解阳明学说的人理解起来比较困难。但是，在研究一段时间的王阳明学说之后，便会在理解上有所精进。

宋代明理学派的理论家提出的"功夫"的概念，指的是涵养心性、积功累行。例如《朱子语类》中写道"谨信存诚是里面工夫，无迹"；从《传习录》的内容可以看出，王阳明所提到的功夫大致都根据《大学》中的"八条目"为基础展开的。他认为"盖身、心、意、知、物者，其是功夫所用之条理，虽亦各有其所，而其实只是一物。格、致、诚、正、修者，是其条理所用之功夫，虽亦皆有其名，而其实只是一事。""盖其功夫条理虽有先后次序可言，而其体之惟一，实无先后次序之可分。其条理功夫虽无先后次序之可分，而其用之唯精，固有纤毫不可得而缺焉者。"

王阳明始终强调作为圣贤之学要注重和学习的功夫内容，而不是学习的效果。王阳明这里提到的功夫指的是致良知方面的功夫，具体包括的内容有功夫内容和功夫操作。功夫内容一般情况下指的是功夫的目的或者是指向，而功夫操作指的是操作功夫的过程中需要关注到的问题，举例来说，功夫条理、功夫顺序等等。王阳明强调学习者应该动脑学习，要关注不同知识之间的顺序。除此之外，他还指出应该明确功夫的使用目的，目的明确后可以解决茫然用功的问题。

王阳明提出的功夫论，它的本质是针对道德实践提出的理论。王阳明提到的实践和马克思提到的实践在内涵方面是不同的，但是，王阳明是我国第一位提出实践这个概念的思想家。他在教学中之所以一直强调致知是希望引导人们注重实践,懂得实践的重要性。

三、阳明教育思想的价值

最近几年,阳明学的研究获得了丰富的成果,研究也开始慢慢走向成熟,有一些研究结果非常经典。但是,从总体来看,有关王阳明教育思想方面的研究大多数停留在学理层面,将王阳明的教育思

（图 赣州阳明中学）

想和我国教育改革进行结合的研究还没有获得太显著的成果,二者的结合研究非常重要,因为它直接影响到王阳明教育思想和当前教育问题之间的接轨,它还影响到教育改革是否可以从王阳明教育思想中获得有益的借鉴,这些都需要未来学者进行更多的分析及研究。最近几年,我国非常注重社会道德风尚的建设,并且取得了一定的成效,公民道德水平有了显著的提升,但是公民道德建设依旧存在一些突出问题,仍旧有一些公民没有提高自己的道德素质水平。公民道德建设水平的提升最重要的一点是进行教育,公民道德建设需要抓住关键环节,在人们道德观念形成的过程中进行有效的教育,这样才能实现道德水平道德素质的提升。

第一,王阳明的教育思想能够解决当前教育发展遇到的问题,适合当下的教育需要。王阳明教育思想中强调的致良知可以引导当下的学校教育改革,举例来说,在市场经济快速发展的前提下,竞争也越来越激烈,由此出现了严重的义和利的冲突,社会中出现了很多人们追求利益不顾义的现象,这些现象体现的是社会从业人员道德感、责任感的不足。在明代中期的时候,王阳明面对社会上学术弊端问题忧虑重

（图 余姚阳明中学）

（图　和平县阳明中学）

重,他大胆地宣传致良知的思想,不惧怕当时的学术权威,也不担心世人对他的讽刺。王阳明当时面临的状况和当今教育面临的状况类似,从这一点来看,王阳明的教育思想适合当今教育发展,并且值得当今的教育工作者进行更加深入的研究。

第二,当前的教育过程中存在很多的不足,比如说教学目标的设置、教学内容的选择、教学方法的使用等等。之所以仍然存在这些问题,是因为科技教育和人文教育之间始终没有形成充分的融合,这直接影响了教育者教学的全面培养。而且无论是学校还是家庭都非常注重学生的成绩,对于学生成长过程中的道德养成、品质养成没有投入过多的精力,学生通常会将学科分成主科和副科,而没有注意到品德学习和养成。当前的教育崇尚智力教育,这种风气也会对接下来的教育产生一定的影响,在全社会范围来看就直接影响到了社会整体的道德风貌。虽然有一些地区已经开始进行人才选拔方面的改革和创新,开始将思想品德作为重要的考核指标,但是,想要实现全国范围内的推广仍然需要一段时间。

第三,教育长期发展过程中一直没有重视学生良好德性思维的培养。思维方式的培养非常重要,一个人的思维方式稳定,他的思想结构和行为习惯也是固定的,思维方式体现在外部就是行为方式,当学生的思维方式出现差异的时候,那么外在的行为方式也必然会有所不同。现代教育也开始注重思维养成的重要作用,开始注重学生思维习惯的培养。但是,在实际的教育过程中,很少有学者真的进行思维方式养成方面的探索。儒家伦理思想中,蕴含的道德资源非常丰富,比如说,它在德性思维方面就涉及到很多内容。王阳明的教育思想中有很多内容关于德性思维,如果可以将这些资源进行有效的整合利用,对教育工作的开展将起到积极的作用。

第三节　军事文化思想

王阳明一生不仅学术上成就显赫,而且在军事上也建树颇丰。先是提督南汀赣漳等处军务,受命镇压横水、左溪等处起义农民;继而又擒获叛藩宁王,平定朱明宗室之乱;晚年受命征讨广西思田,招抚王受、卢苏、袭破八寨和断藤峡,一生为朝廷立下了赫赫战功。王阳明从小就喜欢军事,对于军事战阵有着天生的兴趣。除此之外,王阳明小时还痴迷于象棋。26岁时,据《王阳明年谱》记载,在京师学兵法"当时边关甚急,朝推举将才,莫不遑遽。先生念武举之设,仅得骑射搏击之士,而不能收韬略统驭之才,于是留心武事,凡兵家秘书,莫不精究。"28岁时"先生未第时尝梦威宁伯遗以弓箭。是秋钦差督造威宁伯王越坟,驭役夫以什伍法,休食以时,暇即驱演'八阵图'。"王阳明小时候的这些爱好与青年之时的熟读兵书,对他后来平定广西少数民族起义有一定的帮助。

王阳明在选拔和训练士兵的过程中体现出其军事体育思想的鲜明特征:

第一,对民兵的重视。当时的朝廷军官腐败无用,士兵们平时游手好闲不练兵、不战备,一遇战事就请狼兵救援,自己不战而逃。王阳明在军政事务中采取征用民兵的方式,在巡抚南赣汀漳、断藤峡等过程中,都征集了民兵参与战斗。王阳明之所以注重民兵的征集启用,是因为他深知狼兵弊端:路途耗时、开支庞大、不受管制。求助的狼兵一般都是从外省请调,距离远救不了急;请狼兵需要额外的开支,加重百姓的负担;狼兵不受朝廷管制,在打仗的时候常出现骚扰百姓的情况。以上种种原因促使王阳明将目光放到了民兵的身上,他上奏朝廷,拟征用农民来代替求助

（图　阳明文化陈列馆）

（图　左溪阳明军事文化体验园）

狼兵。王阳明用兵在精不在多，崇尚选兵严苛、练兵严简。选兵时要寻找骁勇且身怀技艺之人，尤其注重骑射能力，若力大善战则使其为将领。练兵时采用分科的方式，根据士兵自身特长分别进行训练，根据外界环境有针对性的取长补短对民兵进行训练。王阳明的选兵和练兵方法重精干轻数量，且量才分等，既减少了军费开支，实现兵有余资，又提升了兵将的战斗力，使将有余勇，对当时军事的发展有积极的促进作用。

第二，对将领的要求。王阳明对于将领有较高的要求，不仅要能征善战，还要懂战略战术，有统帅之才。在遴选将领时，王阳明注重骑射、武术的技能，但

（图　左溪阳明寨内景）

将领需有统兵的能力，因此王阳明很注重对于将领的培养，他建议公侯之家的子孙改变学习策略，将教授的内容进行调整，去除一些虚无的、无实际意义的内容，根据这些公侯子侄的情况，选取文武兼具的教习书史骑射，培养其文韬武略，作为将领的储备人才。此外王阳明还提议从武术学生中选取拔尖的人才接受将领的教育，并通过不断的磨练和考试进行筛选，以三年为期进行人才的选拔。这样的建议在当时朝廷军事不利的背景下诞生，由于缺乏统兵之将，文武双全的人才更

是少之又少,因此只能从教育入手,筛选有天资的人予以教育,培养一批有才干的将领,这些将领不仅要有武艺、更要有谋略,这样一来就不再怕有战无兵将的事情发生。

第三,寓兵于民。王阳明深知战争不仅是军事,还事关民生,因此从不轻易用兵,一是珍视士兵的生命;二是关注民生疾苦,因此王阳明崇尚用兵以安民为本。

王阳明的主要军事活动可以概括为以人为本。王阳明的人本思想以人为中心,人是一切价值的核心,最高的价值目标就是人的生存和发展,他的人本思想注重一切都是为人服务。王阳明的人本思想与儒家的人本理念一脉相承,儒家人本思想是"仁"为核心的理念,倡导爱人、爱众生,这是儒家的立身处世基础,儒学大家皆有关于"仁"的表述,孔子"仁者爱人"、孟子"仁者无不爱也"。可以说人本主义思想来自于"仁",是对儒家"仁"思想的发展和践行,王阳明作为儒家学说的后继者,对儒家的人本思想进行了学习和实践,并通过自己的理论和行动升华了人本思想。

第四节　体育文化思想

王阳明在其心学思想中,提出"知行合一",主张在教育和体育过程中要根据受教育者的生理、心理特征,因材施教,循序渐进。尤其重视对青少年的体育教育。王阳明有言:"大抵童子之情,乐嬉游而惮拘检,如草木之萌芽,舒畅之则条达,摧挠之衰微。今教童子则必使其趋向鼓舞,中心喜悦,则其进自不能已。"从中可以看出王阳明非常重视对学生的教育方法,以使其身心健康全面发展。王阳明对当时忽视心理、生理特点的教育方法提出了批评。他主张对学生的教育要使其德、智、体、美全面发展。王阳明强调通过肢体对学生进行体育教育活动,来促进学生的身心健康。

理学又称道学,产生于北宋,由程颢、程颐兄弟创立,后经朱熹将其发展至顶峰。程朱理学适应了当时统治者的要求,成为了当时统治阶级的官方主导思想。

（图　崇义阳明中学体育场效果图）

对社会的政治、经济、教育、文化等方面产生了极大的影响。

理学倡导压制人欲，认为学者要进行研究需要先控制人欲，依存天理。理学对当时社会的影响之大使得"三纲五常"的理论成为共识，对女性行为的制约阻碍了女性参与体育运动，对整个社会的体育发展都有消极作用。心学与理学不同，心学倡导生命体验，尤其是感知生命存在的灵明体验，人性与天理共存共生，这也是王阳明的理念，他认为人性是不能泯灭的，人心所向即是圣贤之道，人心感知生命，随心而动才是体验生命的最佳选择。王阳明的思想对当时的社会而言起到了非常积极的作用。

在封建社会，为了统治的便利，理学思想大行其道，而鼓励人们追求生命的体验，感受活泼自在的心学，不符合统治者的需求，因此处于弱势地位，但心学思想的存在具有积极意义，王阳明所主张的心学思想对于当时的人们和社会体育发展都具有重要的鼓励意义。心学在一个不利的发展时代散发着难能可贵的思想光芒，心学对于德的赞颂、良善的尊崇都是人性光辉的体现。心学思想与当今社会人本思想和体育人文社会学中讲求的以人为本相通，当今学者们和体育从业者都需要认真了解和学习王阳明对于心学和体育的观点。

第二章　建筑文化概述

第一节　建筑及建筑文化

一、建筑的基本概念

（一）建筑是空间

建筑就是一个空间，它有它的大小，它的形状。是一个特殊的空间，可以让人们进行各种各样的活动。大多数的建筑都是中空的，可以让人进入，但是有些建筑却是实心的，比如纪念碑、祭坛、大厦等，它们也占有一定的空间，而不是在室内，而在四周。建筑的空间属性，包括实体和虚拟，由建筑的虚实相结合；形成了一个聚落体系，如建筑群、城镇等。

在这一点上，建筑体现出了其使用的功能性、建造的工程技术性和实用的经济性特征。

（二）建筑是艺术

建筑是音乐，有着乐章，有着韵律，古希腊的毕达哥拉斯早已注意到了这一点。帕拉蒂奥式的建筑外立面，通过连续的拱与柱构成了音乐般的和声与韵律。凡尔赛宫的墙面也给人以军队随着整齐鼓点前进般的音乐感觉。沿中轴线进

（图　房屋的内部空间及纪念碑的外部空间）

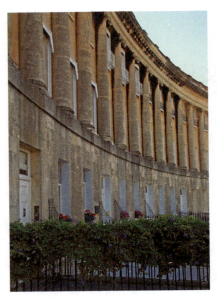

（图　帕拉蒂奥式建筑的外立面）

入中国的故宫，也有着序曲（大清门—天安门）、渐进（端门—午门—太和门）、高潮（太和殿）的感受。

建筑是艺术，有着美感，有着韵味。万神庙、凯旋门等，都是伟大的艺术品。巴黎圣母院、罗马圣彼得大教堂、莫斯科华西里·伯拉仁内大教堂、伦敦圣保罗大教堂等，也都称得上是精美的艺术品。我国古代的许多著名建筑，如北京故宫、天坛、山西晋祠圣母殿、应县木塔，以及苏州园林等，也都称得上是艺术精品。

从逻辑上说，建筑不能等同于艺术，艺术只不过是建筑的重要属性，建筑应该是艺术性非常突出的内外和谐的统一体。

（三）建筑是场所

建筑是地方，是文化，是灵魂。人类根据对自然的不同理解，在不同的文化环境中，根据物质与精神的需要，创造出各种风格的建筑；因此，建筑具有一定的文化内涵。我们能看到从古到今，世界上出现过的七大建筑体系，无不反映了不同地域条件下的不同文化内涵。而人们营造的地方，则是体现了不同的地方精神，体现了不同的世界观和人生观。反过来，生活在这样的场所中的人们，又受到该地域的影响，建筑又以环境的形式，培育着下一代的人们，传承着这种场所文化精神。比如生活在中国北方四合院中的人们，一定会受到传统儒家思想的影响，尊卑有序，内外有别。

二、文化及建筑文化

（一）文化

广义的"文化"是指人类社会发展过程中创造出的物质财富和精神财富的总和，即所谓的物质文化和精神文化。狭义的"文化"则多指意识形态领域里的

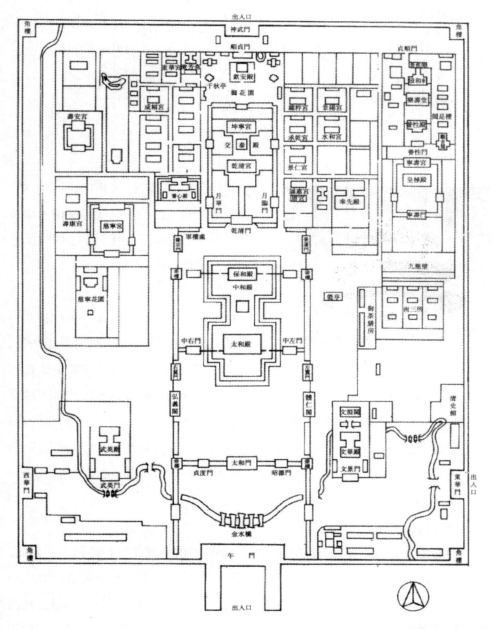

（图　中国故宫的分布图）

（图　古罗马角斗场）

（图　北京天坛）

内容,包括语言文字、宗教信仰、风俗习惯、文学艺术、道德观念等,也就是所谓的精神文化。这里使用的"文化"是包括物质文化和精神文化的广义概念。

（二）中国传统文化

中国传统文化是一种反映民族特质和风貌的民族文化,是历史上各种思想文化、观念形态的总体表征,是居住在中国地域内的、中华民族创造的、为中华民族世代所继承发展的、具有鲜明民族特色的文化。中国传统文化除了阳明文化这个核心内容以外,还包含其他文化形态,如道家文化、佛教文化和民俗文化等。传统文化的内容涉及思想观念、思维方式、价值取向、道德情操、生活方式、礼仪制度、民风习俗、宗教信仰、文学艺术、教育科技等诸多层面。

（三）建筑文化

建筑文化是一种具有丰富的物质内涵和独特的地域文化特征的美丽风景,它是人类社会和自然环境长期互动的结果。建筑的文化内涵与风格因时代而异;不同地区的建筑文化也有很大的差异,比如中国北部地区的建筑文化,与南方有很大的差异;在不同的地区,也反映出不同的建筑观念,比如,东西方的建筑风格就有差异。

（图　中西合璧天坛示意图）

三、建筑的基本属性

建筑有很丰富的内容,可归纳成下列几个基本属性:

第一,建筑的时间性。建筑是一种客观的物质,一是其空间与实体的统一,二是其空间与时间的统一。这两个因素结合在一起,就形成了这座建筑的时间空间。

第二,工程上的技术。建筑是由物质构成的,它是人为的和科学的。

第三,建筑艺术。建筑是一种造型艺术,它是一种实用的客体,也是一种美学的对象。

第四,建筑具有民族特色和地域特色。各民族、各地区在不同的历史阶段,其建筑形式也各不相同,其年代也不尽相同;建筑物的形状和样式都是不一样的。

四、人与建筑的关系

（一）从环境系统角度看

地球是太阳系中的一颗行星,因为日、地之间的特殊联系,在漫长的地球演化过程中,产生了一些生命现象;在生命发展到两亿一千三百万年以前,人类诞

（图　白塔）

生了。与地球相比，人类的历史只是一瞬。

从一开始，人类就与地球的环境息息相关，而人类也在不断的适应环境。环境可以分为宇宙环境、自然地理环境和居住环境。

宇宙环境是人类生存的最大限度，也是最宏观的限制，没有了它，我们的地球也就没有了。

自然环境是指包括空气、阳光、水、土壤、生物体等在内的各种环境因素的综合。在时间和空间上，它们表现为阳光、大气、水汽、土壤、岩石、生物圈。它与人类的生活息息相关，同时也是对人类社会发展的宏观限制。一旦地球环境出现问题，那么，人类将会丧失生存的条件。

聚落环境（社会环境）是指社会经济基础、聚落结构、政治经济、法律、宗教、艺术、哲学思想和体制。这些元素构成了地球生物圈内的又一圈，被称为"人类智力圈"。

建筑环境则是在聚落环境中由人创造的人工环境，包括建筑外环境和建筑内环境。建筑环境是沟通人与社会环境及自然环境的中间环节与桥梁。在此基础上，人与建筑的关系可以概括为：人与环境的互动，是人与环境之间的桥梁，是人与自然的和谐。

（二）从建筑发展角度看

人类最早从事建筑活动，其目标是能够避风雨、避猛兽、抵御天灾、抵御外来侵略；自保，不受人为伤害。在人类的发展过程中，建筑的类型也越来越多，以适应人类的不同需求。

人可以被视为个体，也可以是团体，甚至是一个整体。我们所说的建筑，应该能够满足人的各种需要，既要满足个人的需求，也要考虑到整个社会的需求。

建筑是人类创造的,是为人类服务的,因此它也是人类与社会的反映。在人类文明发展的过程中,新的社会特点不断涌现,而这些新的特点,也在建筑中呈现。建筑是人、是社会的一种反映,因此,对建筑的研究也需要对人进行研究,对人的物质形态和思想形式进行研究;人的生理特征、心理特征、伦理特征,以及在社会层次上的各种形式和思想观念。今天,我们几乎每时每刻都在接触建筑,坐卧、休息、交谈、上课、买卖、就诊、看戏、参观展览、瞻仰纪念馆、阅览室内看书报、观看体育比赛、实验室里做试验、车间里劳动,等等。

五、天人合一,中庸之道,阳明文化对建筑文化的影响

(一)天人合一

阳明文化的一个显著特征就是"天人合一",这是阳明文化的一个特点,阳明文化主张人与自然"浑然一体""重心在内"是一种生活态度。认为宇宙的终极本相和人类的道德观是一体的,只有达到了天人合一的境界,才能成为一个完美的人格。

《文言·乾卦》有云:"人之道,与天地同善,与日月同,以四时为其序";董仲舒在《春秋繁露》中说:"天人一也,以类为一"。阳明文化不仅是天人合一的中心,更是一种"天人合一"的体现。阳明文化中"天道""人道"的融合,是阳明文化的精髓,其核心内容就是"道""道""道""道"。"天道"是指自然现象和运动、变动的法则;"人道"是指人们必须遵循的社会准则。阳明文化主张,既要达到社会内部的和谐,又要与自然和谐共处。

阳明"天人合一"思想对中国的建筑文化产生了深远而深远的影响。它强调人与自然的协调,强调两者是一个有机的整体,在建筑中体现了人 – 建筑 – 自然环境的协调,即建筑与自然的"有机"美,并与周边的自然环境相融合,并提倡在形态与功能上实现有机的融合。

"天人合一"思想体现在三个层面上。

1. 与大自然相适应

即在规划和设计时,要顺应自然环境,如地形、绿化等,实现人与自然的和谐统一。例如:灵隐佛地、岳麓古刹、南岳禅林、四大佛教圣地;金山、江涌等都是

"南朝四百八十寺,几处楼阁烟雨中"的自然景观与建筑风貌的"二重奏"。就像英国学者李约瑟所说:"中国的建筑这样的宏伟的整体布局,早就已经达到了其极致,把对大自然的深切的感情和高尚的诗意结合在一起,构成了一种其他文明无法逾越的结构。"

2. 学习自然

它是对大自然的一种模拟,通过对自然形态的巧妙吸收,从而使建筑与自然融为一体。这在园林建筑中尤其明显,以石、木、池来象征自然;森林、湖、海,将大自然带入庭院,这就是大自然与人工环境之间的亲密关系。

3. 借用大自然

将自然的美丽通过窗、阁、亭等引入到建筑中,也就是"借景"的手法,借助了借景的手段,一座临江的亭子可以呈现"落霞与孤鹜齐飞,秋水共长天一色"的景观;一间普普通通的茅屋,都能让人联想到"窗含西岭千秋雪,门泊东吴万里船"的诗韵,正如叶绍翁所说:"应应怜展齿印苍台,小扣柴扉久不开。春色满园关不住,一支红杏出墙来。"《园冶》中有句话说得好,借景可以"纳千顷之汪洋,收四时之浪漫。"

(二)中庸之道

儒家思想强调和谐,讲求中庸、中和的人生理想和人伦观念。认为万事万物不可走极端,应遵循中庸之道,使世界万物得以共存,并达到和谐。

1. 中庸之道强调社会的一种"内聚"性,即团结和睦

追求在"向心内聚"的基础上达到统一和谐。于是,为了巩固其封建中央集权制的统治,权力中心(国都)设在国之"中",王宫设在都城之"中",而王行使最高权力的场所"三朝"(外朝、治朝、燕朝)则布置在宫的中轴线上,以中央方位来显示王权的威严。并依靠"中央"的方位,使古代中国对"中"的崇拜转化为对"王权"和封建制度的皈依。许多少数民族村寨均有寨心,设在村寨中央。如布郎族的村寨中央立一大木柱,周围用石头砌成1米左右的高台,以示寨心。侗族的村寨中央设鼓楼,以维系侗乡村寨的秩序与和谐。甚至普通民居中,也以天庭、内堂为中心,使几世同堂达到和谐内聚。

2. 中庸之道讲究不走极端

万事万物都可共存，以最大的宽容性包容一切。不论正的、反的、传统的、西方的……表现在建筑文化中便可发现，中国古代建筑文化实际上并非是一个绝对封闭的文化体系，凡是美的建筑，虽为异国情调，仍然可以为中华民族的建筑文化所接受改造。如被称为"万园之园"的圆明园，就能以"西洋"为基调，糅合"东土"的"语汇"，创造出在当时东西方人士看来都颇"中意"的建筑美，又如坐落于北京北海公园琼华岛之巅的白塔，兴建于1651年，是外来的形式——喇嘛塔，然而它以匀称丰满的造型融入了中国的园林之中。

中庸之道以模糊二者之间的界线，突出它们的共同点来使其和谐，达到中庸。在中国古代建筑的内部空间与外部空间之间，便表现出这种建筑美的模糊性。屋顶、墙体、门窗之类，是分隔与沟通中国建筑内外空间的手段、中介和过渡。因此，门窗的多寡、大小、位置、形状等影响着建筑内外空间的交流。美籍华人建筑师贝聿铭先生就认为，中国建筑的门窗更注重内外空间心理情感的交融，又如，大屋顶出挑深远，其与外墙面构成的既非内部空间，又非外部空间，既是内部空间的延续，又是外部空间的延续。这种檐廊又称为"缘侧"。缘，联结之意；侧，旁边也，正是联结内部外部空间的一个"模糊"间，其它如四周通透的亭、廊等，不再赘述。这种中庸的"模糊"观，在今天又以"灰空间""模糊空间"等理论再次出现。

第二节 建筑文化的体系

古代世界曾经有过大约七个主要的独立建筑体系，其中有的或早已中断，或流传不广，成就和影响也就相对有限，如古埃及、古代西亚、古代印度、古代美洲建筑等，只有中国建筑、欧洲建筑、伊斯兰教建筑被认为是今天仍然发挥重大影响的世界三大建筑体系，其中又以中国建筑和欧洲建筑延续时间最长，范围最广，影响力也更大。

一、中西建筑文化的比较

（一）建筑选择材料的不同

在现代建筑未出现之前，世界上所有已经发展成熟的建筑体系（包括属于东方建筑的印度建筑），基本上都是以砖石为主要建筑材料营造的，属于砖石结构系统，诸如埃及金字塔、古希腊神庙、古罗马斗兽场、中世纪欧洲教堂……无一不是用石材筑成的。唯有中国传统建筑（包括依附于中国传统建筑的日本、朝鲜建筑）则是以木材来做房屋的主要构架，属于木结构系统。

中西方的建筑对于材料的选择，除由于自然环境的不同之外，更重要的是由于不同文化、理念的结果，是不同的民族性格在建筑中的普遍反映。

从西方人对石材的肯定，可以看出西方在人与自然的关系中强调人是世界的主人，人的力量和智慧能够战胜一切，达到永恒。

中国以原始农业为主的经济方式，造就了原始文明中重生长、偏爱有机材料的特点，由此衍生发展起来的中国传统哲学，所宣扬的是"天人合一"的宇宙观。

中国人相信，自然与人是息息相通的整体，人是自然界的一个环节，中国人将木材选作基本建材，正是重视了它与生命的亲和关系，重视了它的生长、腐坏与人生循环往复的关系的呼应。

（二）建筑设计理解的不同

在西方，建筑物被看作是由各种物质材料按一定的结构方式砌筑、搭建起来的一种实用性雕塑，是一种造型艺术。在建筑的两大构成要素——实体与空间中，西方古代建筑师们显然对建筑的实体部分更加看重，他们像塑造雕塑作品一样极力刻画着建筑物本身，在实体界面立面墙壁、屋顶天花、地面、梁柱、各种隔断……上做足了工夫，山花、

（图　山西应县木塔）

柱头、梁头、瓦当等无不精益求精,在造型、装饰方面取得了极高的艺术成就。

在中国,古代有一句建筑上的俗话:"三分匠人、七分主人。"主人就是负责空间安排的文人,匠人就是建筑工匠。匠人负责中国古建筑的梁架、柱子、斗拱、藻井等结构部件的造型、施色,甚至彩绘,但中国建筑的主要决定权在于主人,在于空间的理解和安排。中国人把建筑理解为人与自然和谐相处的独有空间。

(三)建筑空间布局的不同

建筑空间的布局不同,反映了中西方制度、文化的区别。

从建筑的空间布局来看,西方建筑是开放的、单体的空间格局,向高空发展。从古希腊、古罗马的城邦开始,西方建筑就广泛地使用柱廊、门窗,以增加信息交流及透明度,用外部空间来包围建筑,从而突出建筑的实体形象。这可能与西方人很早就经常通过航海互相交往及社会内部实行奴隶民主制有关。古希腊的外向型性格和科学民主的精神不仅影响了古罗马,还影响了整个西方世界。

罗马可里西姆大斗兽场高为 48 米,万神殿高为 43.5 米,中世纪的圣索菲亚大教堂的中央大厅穹隆顶高达 60 米,文艺复兴建筑中最辉煌的作品圣彼得大教堂高达 137 米。这些庄严雄伟的建筑物固然反映了西方人崇拜神灵的狂热,但更多是利用了先进的科学技术成就,给人一种奋发向上的精神力量,以此来掩饰自身的恐惧感,将安全寄托于外界。

中国建筑是封闭的、群体的空间格局,在地面平面铺开。中国无论何种建筑,从住宅到宫殿,几乎都是一个格局,类似于四合院模式。

中国建筑的美是一种"集体"的美。例如,北京明清宫殿、明十三陵、曲阜孔庙都是以重重院落相套而构成规模巨大的建筑群,各种建筑前后左右有主有次、合乎规律地排列着,体现了中国古代社会结构形态的内向性特征、宗法思想和礼教制度。

中国古代建筑在平面布局方

(图 圆明园复原图)

面有一种简明的组织规律,就是每一处住宅、宫殿、官衙、寺庙等建筑,都是由若干单座建筑和一些围廊、围墙之类环绕成一个个庭院而组成的。一般地说,多数庭院都是前后串连起来通过前院到达后院,这是中国封建社会"长幼有序,内外有别"思想的产物。家中主要人物,或者应和外界隔绝的人物(如贵族家庭的少女),就往往生活在离外门很远的庭院里,这就形成一院又一院层层深入的空间结构。"庭院深深深几许"和"侯门深似海"都形象地说明了中国建筑在布局上的特征。

(四)建筑性格意趣的不同

关于东方和西方建筑在"性格"和"意趣"上的不同,古今中外有不少有趣的论述:

1. 实与空

法国文学家维克多·雨果曾概括过东西方两大建筑体系之间的根本差别,"艺术有两种渊源:一为理念——从中产生了欧洲艺术;一为幻想——从中产生了东方艺术。"西方建筑在造型方面具有雕刻化的特征,其着力处在于两维度的立面与三维度的形体等;而中国建筑则具有中国绘画的特点,其着眼点在于富有意境的画面,不很注重单座建筑的体量、造型和透视效果等,而往往致力于以一座座单体为单元的、在平面上和空间上延伸的群体效果。西方重视建筑整体与局部,以及局部之间的比例、均衡、韵律等形式美原则;中国则重视空间,重视人在建筑环境中"步移景异"的审美感受,是动态美、静态美、意象美的统一。

2. 形与意

亚里士多德认为艺术起源于模仿,艺术是模仿的产物。古希腊建筑中的不同柱式就是模仿不同性别的人体美(希腊神庙的少女像柱)。欧洲人较为重视形式逻辑,讲求逼真,依仗论证,注重体现几何分析性,在建筑的艺术

(图　中国文人园林的意境)

构思与总体布局上较为强调对称、具象及模拟几何图案美。

中国人则重视人的内心世界对外部事物的领悟、感受和把握,以及如何艺术地体现出这种心智的领悟和内心的感受,具有很强的写意性。它是一种抽象美的概括与感悟,是某种有形实景与它所象征的无限虚景的结合或者融汇,所追求的是"形意兼得"的意境。中国人也讲究逼真、论证,但须以写意性的"传神"为前提,且更强调神似。

3. 理与情

礼乐的概念来源于春秋时期的《乐记》,即美与善、艺术与典章、情感与理性、心理和伦理的密切关系。礼是社会的伦理标准,乐是社会的情感标准,"礼乐相济"就是中国理性精神的表现形态。可以说,中国建筑的艺术感染力就是在理性(礼)基础上所散发出的浪漫情调(乐),它所体现与蕴含的是中国建筑的某种"诗意"美。

西方建筑文化比较注重逻辑与论证,其特征可归结为理性与抗争精神、个体与主体意识、天国与宗教理念、建筑艺术处理的合理性与逻辑性,以及强调艺术、技术、环境的协调与布局,重视比例的适当与艺术的精巧,等等。所有这些特性,在欧洲人的建筑理论中都有所提及或有较多的阐述,在其建筑实体中也有较多的表现。

4. 分与合

中国的四合院、围墙、影壁等,显示出某种内向、封闭甚至"一劳永逸"的思想倾向,乃至有人认为"中国是一个'秦砖汉瓦'的围墙的世界"。西方强调应以外部空间为主,称中心广场为"城市的客厅""城市的起居室",等等,有将室内转化为室外的意向。例如,始建于 1756 年的法国凡尔赛宫,其占地 220 亩的后花园与两旁对称且裁剪整齐的树木,一个接一个的水池群雕相即相融,一直伸向远方的城市森林。中国一些较大的宅院或府第一般都把后花园模拟成自然山水,用建筑和院墙加以围合,内有月牙河,三五亭台,假山错落……显然有将自然统揽于内的倾向。可以说,这是中国人对内平和自守、对外防范求安的文化心态在建筑上的反映和体现。

5. 个与群

中国建筑尤其是院落式建筑注重群体组合,"院"一般是组合体的基本单位,这是中国文化传统中较为强调群体而抑制甚至扼制个性发展的反映,或与之有很大的关系。例如,一望无际的大大小小、方方正正的四合院,从地面上层层展开,在时间中呈现它的意韵,每一片清一色的灰色屋顶下,安住着一个温暖的家。

而西方的单体建筑则表现个性的张扬和性格的独立,认为个体突出才是不朽与传世之作。像法国巴黎的万神庙、高达 320 米的埃菲尔铁塔,意大利佛罗伦萨的比萨斜塔等,都是这一理念的典型表现,这些卓然独立、各具风采的建筑,能给人以突出、激越、向上的震撼力和感染力。

6. 含与露

中国较为强调曲线与含蓄美,即"寓言假物,不取直白"。园林的布局、立意、选景等,皆强调虚实结合,文质相辅,或追求自然情致,或钟情田园山水,或曲意寄情托志。工于借景以达到含蓄、姿态横生之妙;巧用曲线以使自然、环境、园林在个性与整体上互为协调、相得益彰而宛若天开。"巧于因借,精在体宜"的手法,近似于中国古典诗词的"比兴"或"隐秀",重词外之情、言外之意,看似漫不经心、行云流水,实则裁夺奇崛、缜密圆融而意蕴深远。

西方则以平直、外露、规模宏大、气势磅礴为美,如开阔平坦的大草坪、巨大的露天运动场、雄伟壮丽的高层建筑等,皆强调轴线和几何图形的分析性,平直、开阔、外露等无疑都是深蕴其中的重要特征,与中国建筑的象征性、暗示性、含蓄性分属不同的美学理念。

7. 动与静

中国园林里的水池、河渠等,一般都呈现某种婉约、纤丽之态,微波弱澜之势,其布局较为注重虚实结合,情致较为强调动静分离且静多而动少。这种构思和格局较适于塑造宽松与疏朗、宁静

(图 作者考察传统村落建筑)

与幽雅的环境空间,有利于凸现清逸与自然、变换与协调、寄情于景的人文气质,表达"情与景会,意与象通"的意境。宛如中国的山水画,一般都留有些许的"空白",以所谓的"知白守黑"达到出韵味、显灵气、现意蕴的艺术效果和感染力。

西方园林中的水池、河渠则呈现规则形状,表现人工性的特点,反映了伊甸园所描绘的形式。

二、阳明文化建筑体系的发展

(一)阳明文化建筑体系的核心思想

阳明文化建筑体系的核心思想是"心即理",即通过内心的感悟和体验来实现自我完善和实践。在建筑领域中,阳明文化建筑体系注重以人为本,强调建筑与自然环境的协调,追求自然美和精神内涵,注重建筑的文化传承和实用性。阳明文化建筑体系强调人的主体性和自然性,注重建筑与环境的和谐统一,追求精神内涵和文化传承,注重建筑的实用性和经济效益。

(二)阳明文化建筑体系发展的历程和轨迹

阳明文化建筑体系是中国传统建筑体系之一,起源于明朝思想家王阳明的思想体系,强调内在的道德修养和自我完善,将这种理念应用到建筑设计中,形成了具有独特风格的建筑体系。本文将从明代、清代、近现代三个阶段详细阐述阳明文化建筑体系的发展历程和轨迹。

1. 明代阶段

在明朝时期,王阳明的思想体系被广泛传播,建筑领域也开始受到影响。明代建筑师吴中洛等人借鉴王阳明的思想,提出了"气势恢宏、造型简洁"的设计理念,这种理念在明代建筑中得到了广泛应用。例如,明代的祭祀建筑大多采用了"三开间、五开间"的布局,强调建筑的整体气势。此外,明代建筑中还出现了"石榴门""香炉

(图　趵突泉)

门"等具有独特风格的建筑形式,这些形式在后来的建筑中得到了广泛传承。

2. 清代阶段

清代是阳明文化建筑体系的发展高峰期。清朝皇帝对王阳明的思想非常重视,将其思想融入到宫殿建筑中。清代建筑师梁启超提出了"以心为体,以气为用"的设计理念,强调建筑的形式应该符合人的心理和情感需求。在清代,阳明文化建筑体系在宫殿、庙宇和园林等建筑类型中得到了广泛应用。

(1)宫殿建筑

清代的宫殿建筑在设计上注重体现皇权威严和神圣尊贵,同时也融合了王阳明的理念。例如,颐和园中的"万寿山"就采用了"以心为体,以气为用"的设计理念,将天然的山体和人工建筑巧妙地结合起来,塑造出一个具有强烈气势和美感的景观。

(2)庙宇建筑

在清代的庙宇建筑中,阳明文化的理念也得到了广泛应用。例如,北京的天坛就是一个典型的例子。天坛的建筑形式简洁明了,强调天人合一的思想,彰显了中国传统文化的精髓。

(3)园林建筑

清代的园林建筑也是阳明文化建筑体系的重要组成部分。清代园林的设计手法注重营造自然、舒适、和谐的环境,体现了王阳明"心性即理"的思想。例如,苏州的拙政园和扬州的个园都是清代园林的代表作品,它们的设计风格与王阳明的思想息息相关。

3. 近现代阶段

随着现代化进程的推进,中国传统建筑逐渐被淘汰,阳明文化建筑体系也受到了影响。近现代建筑师李兆基等人在传统建筑的基础上进行了改良和创新,将阳明文化的理念与现代建筑相结合,形成了新的建筑风格。例如,上海的"洋楼"就是一种典型的融合了中西文化元素的建筑形式。这些建筑保留了传统建筑的形式美学和精神内涵,同时又具有现代建筑的实用性和科技性,是中国现代建筑历史上的重要组成部分。

总体来说,阳明文化建筑体系经历了明、清、近现代三个阶段的发展,从王阳明的思想体系到现代建筑的创新,形成了独特的建筑风格,对中国传统建筑的发展产生了深远的影响。今天,阳明文化建筑体系仍然在中国传统建筑的传承中发挥着重要的作用,成为中华文化的重要组成部分。

(三)阳明文化建筑体系的建筑形式

阳明文化建筑体系的建筑形式以自然美和人文精神为核心,注重建筑与自然环境的协调和和谐统一。它的建筑形式体现了中国传统建筑的特点,在结构、材料、形式等方面有着自己独特的特点。

1.建筑结构

阳明文化建筑体系的建筑结构注重以人为本,强调建筑与环境的和谐统一。它的建筑结构体现了中国传统建筑的特点,采用木结构或石结构,以榫卯结构为主,强调结构的稳定性和实用性。同时,它也注重建筑的空间感和美感,通过构思和设计来实现建筑的艺术价值。

2.建筑材料

阳明文化建筑体系的建筑材料注重自然美和文化传承,以石、木、砖等传统建筑材料为主,强调材料的耐久性和实用性。同时,也注重材料的感性表现和艺术价值,通过材料的选择和处理来实现建筑的美感和文化价值。

3.建筑形式

阳明文化建筑体系的建筑形式注重自然美和人文精神,以建筑的规划、布局、造型等方面体现中国传统建筑的特点。它强调建筑与自然环境的和谐统一,注重建筑的功能性和实用性,同时也注重建筑的艺术价值和文化传承。

(四)阳明文化建筑体系的建筑艺术

阳明文化建筑体系的建筑艺术注重自然美和人文精神,强调建筑的艺术价值和文化传承。它的建筑艺术体现了中国传统建筑的特点,在造型、色彩、装饰等方面有着自己独特的表现形式。

1.建筑造型

阳明文化建筑体系的建筑造型注重自然美和人文精神,强调建筑的艺术价

（图　阳明建筑一景）

值和文化传承。它的建筑造型体现了中国传统建筑的特点，注重建筑的形式美和空间美，同时也注重建筑的功能性和实用性。

2. 建筑色彩

阳明文化建筑体系的建筑色彩注重自然美和人文精神，以自然色为主，强调色彩的和谐统一和表现力。它的建筑色彩体现了中国传统建筑的特点，在色彩的选择和搭配方面有着自己独特的表现形式。

3. 建筑装饰

阳明文化建筑体系的建筑装饰注重自然美和人文精神，以自然材料为主，强调装饰的艺术价值和文化传承。它的建筑装饰体现了中国传统建筑的特点，在装饰的材料、工艺、形式等方面有着自己独特的表现形式。

（五）阳明文化建筑体系的意义和价值

阳明文化建筑体系是中国传统文化与建筑文化的结合，它强调以人为本，追求自然美和精神内涵，注重建筑的文化传承和实用性。阳明文化建筑体系不仅体现了中国传统文化和建筑文化的独特魅力，更是对现代建筑设计的启示和借鉴。在当今社会，建筑设计不仅注重实用性和经济效益，更需要注重人的主体性和自然性，追求精神内涵和文化传承，实现建筑设计的人性化和社会价值。

总之，阳明文化建筑体系是中国传统文化与建筑文化的结合，它强调以人为本，追求自然美和精神内涵，注重建筑的文化传承和实用性。阳明文化建筑体系在建筑领域中具有深刻的意义和价值，不仅体现了中国传统文化和建筑文化的独特魅力，更是对现代建筑设计的启示和借鉴。

第三节　建筑与文化的关系

一般说来,文化可分为精致文化和民俗文化。精致文化指的是艺术。19世纪西方人把建筑视为三大美术之一,那么建筑在这个层面上就是一种精致文化。到了1960年代,开始流行的是把文化视为民族文化学中的文化。在民族学中,文化的定义较接近民俗文化,把文化看做生活的方式。每个民族都有其独特的生活方式,其中包括信仰、思想与行为模式。建筑是生活中不可分割的一部分,是生活方式的具体呈现。这时候,建筑文化成为民俗文化、地域文化的组成部分。

建筑文化所反映的是一个民族的基本文化特质,基本文化特质决定着建筑的行为。如果回溯过去几千年的历史,可以找出中国民族建筑行为的独特精神,并寻求发生此事实背后的文化力量。发掘形式后面的文化特质,则是使我们真正了解中国的建筑文化,帮助我们掌握中国建筑的主体价值。了解主体价值的所在,在现代化的浪潮中才不致失掉民族的特质。

一、建筑文化是包装的原始文化

自建筑寻求文化基础是一个方向,有时候,还要从文化寻求建筑的起源。一个民族建筑外显的形式,可以一直回溯到文化的起源,这在中国古建筑上看得特别清阳明。

所谓原始文化就是人类在原始时代以本能为求生存所产生的文化。其基本的性格就是生存,一切价值以维持生命为主要目的,因此是唯物的。文明社会则是在生存之外,肯定精神的价值,甚至会因精神的价值而牺牲生命。

我们的祖先为了保持人间的和谐,也产生了人文色彩浓厚的文化,但其基本精神却是尊重生物的天性。

什么是包装呢? 中国文化中保留了原始文明的自然需要,但加上了繁复的礼仪。

原始的信仰是最基本的文化要素,与本能主义的人性观同样居于重要的地位。

"上天有好生之德"是一句很重要的文化宣示。它一方面使我们注意要爱惜万物的生命,以仁慈对待生命,同时对于自己要注意生命的延长与延续。对仙人的想象只是渴望生命的无限延长而梦想的转化而已。

可是这种好生之德与神仙之说,带来了"生生不息"的生命观念,反映在多种文化现象上。以"寿"为最重要的价值,存在于通俗文化中,因此也产生了生命的建筑观。这几乎是中国建筑环境观念的唯一源头。

二、建筑文化是生命建筑的体现

在中国文化中,建筑并没有客观存在的价值,它的存在,完全是为了完成人的使命。除了居住的功能外,建筑是一些符号,代表了生命的期望。

中国人很重视根据地形建设。根据地形建设的理论与实务都很复杂,但其作用就是求生的机制,其目的不过是接纳生气,排除煞气而已,建筑在此几乎成为求生的工具。即使是墓地的选择,也是为活着的人之幸福而决定。

由于建筑没有客观的存在,所以建筑的造型不必求其独特,也不必求其永恒,所以中国人没有发展出石头的建筑。建筑与人生一样是有其寿命的,它随着主人的生命节拍而存在。因此使用可以腐朽的木材,要比使用不会腐朽的石头,更有生命的意义。

中国人并不是不会使用石材建屋,而是有意地选择了木材。由于中国的木材是大型建材,所以需要山上的大树,故每有建屋,就要耗费国家的财力,这每每引起经济问题,故修宫室必为大臣所谏阻。慈禧太后修颐和园甚至挪用了海军的经费而使清朝灭亡。这些事实说明了中国人选择木材不是为了省钱,不是因为技术上的落后,只是代表一种价值观。

中国人认为石材只是地面下或脚下的建材,因此墓室是用石材砌成,它暗示着死亡。而木材是向上生长的树木,代表着生命。在汉代以后盛行的五行说中,木象征生气,以青龙为标志,方位为东。

古建筑技术中,即使砌墙也不用石或砖,而用夯土,所以古代称建筑为土木。在五行中,土也是吉象,居中央,主方正。它与木相配合,是相辅相成的。而石

材,其质地近金,有肃杀之气。事
实上,木材的建筑是亲切近人的,
手触之有温暖的感觉,而室内的
柱子也暗示了树林之象。

　　中国古建筑除建于山上的
庙宇可以历代相传外,一般的民
宅建筑的功用是"蔽体"与衣服
类似,它有兴建、完成、倾塌的生
命现象。新建筑是因主人发迹而

开始的,因主人事业飞黄腾达,而有富丽的景象,也会因主人的退休、死亡或失败
而归于沉寂,终因岁月之磨蚀而破败。所以中国人的纪念性是子孙的繁衍与发
迹,而不在建筑的永固上。如果后代争气,自然会对建筑进行修缮。如有子孙在
功名上超过先代,则必再建为更大、更豪华之住宅,以"光大门楣",而无须保存
老宅。

　　中国自古以来,民间就没有长子继承的制度,而采取遗产由儿子们均分的、
合乎人性的办法。可是这种制度对建筑的保存最为不利。如长子继承,则前代
的事业与财富可以保存,建筑就成为家族的象征;英国人就是如此,他们的古堡
可以代代相传。由儿子们均分,则建屋的一代去世,建筑就必须划分,而失去其
原有的功能。两三代后如无人再度发迹,就成为大杂院了。

　　生命的感觉对中国人而言,比起永恒还要重要。除了在环境上感受到生气,
在材料的使用上执着于木材之外,造型的生气也尤其重要。

　　在绘画理论上,从六朝开始就有"气韵生动"之说,后世尤其把气韵生动视
为最高准则。在造型艺术的表现上,"气韵生动"就是飘逸的、流动的感觉。汉代
留下来的壁画,使用毛笔勾画的轮廓,发挥了轻快、飘然的趣味。画家的运笔就
是用毛笔的迅速移动,表现出人物的仙风道骨,女孩子的衣物与飘带,看上去像
飞起来一样。

　　近年来,出土了很多汉代以前的器物。随葬的陶器中雕刻女孩子的形象,大

多身材细长，衣袖与下摆飘然，身体的姿态轻盈可观。汉代出土的马非常多，大多腿与脚非常细，几乎无法站立。其实他们相信最好的马是飞马，几乎脚不着地的，有一个著名的铜雕就是马踏飞燕。

这样的造型文化观必然反映在建筑上。汉代不用石砌建筑，实在因为石头太厚重，没有飘逸感。唯有木材，而且采用木柱支撑系统，才可能建造出当时的主流文化所需要的感觉。在六朝时期，中国建筑产生了翼角起翘，就是一种气韵生动的表示。建筑不及绘画、雕塑容易自由表达，它必须使用结构的方法建造出某种感觉。因此地面用短柱支撑，屋顶以曲线起翘使建筑的重量感消失，是一种极富创意的建筑手法。如一组大小、高低不等的建筑，屋角起翘，确可给人一种生动飘逸的感受。

气韵文化在古代的中国是与神仙传说相关联的，羽化成仙的故事等于一种流行的信仰。神仙说一方面促生了道教，希望以丹药修为羽升，另一方面则使大家相信，死后也是要升天的。神仙说在建筑上的影响比较显著的是园林艺术，其实是把对仙景的幻想在现实社会中实现。

中国的园林中，石是重要的材料，但不是厚重。坚实又自然的山石，而是合乎"瘦、漏、透、皱"原则的怪石。在今天看来，中国人喜爱的石景，是不健康的石头，看上去没有重量的石头。开始时，这样石的造型是与仙山有渊源的，到后来，文人们对怪石产生了直接的感情，不但成为画家笔下宠爱，一般文人的案头也少不了它了。

三、建筑文化中反映了阳明文化中的人本精神

前面说过，中国文化是包装的原始。在殷周之间，逐渐产生的人文精神，以礼制为代表，是一种高级的包装，这就是阳明文化、儒家文化数千年的正统中国文化的标志。这种以"礼"为代表的人文思想，建立了中国文明的伦理秩序，而秩序的目的是和谐。儒家把人世用君臣、父子、夫妇、兄弟、朋友的关系设定了行为道德标准，就是有名的五伦。这种秩序反映在建筑的空间上，形成中国所特有的空间观。

第一个特色是均衡与对称。这是就个体来说所表现的和谐。上天赋予人体

的造型,基本上是对称的,因此对称的空间与人之环境感受是相配合的。也可以说,中国建筑自始即应合自我的形象,建立了空间秩序。这一点在西方,是到了文艺复兴之后才发展出来的。

第二个特色是建筑配置的井然有序。中国的个体建筑都是极简单的长方形,因此凡建筑皆成组。四合院几乎是最起码的组合,每一个组合都反映了天命的观念,都是一个小宇宙。在北方建筑都要坐北朝南,左右厢房围护。如果是大型建筑,则有数进、重复合院的组合。在成组的建筑中,从个体建筑的高低大小,可以看出何者为主,何者为从,建筑群因此可视为人间礼制的反映。在住宅建筑中,按身份分配居住空间,有前后之分,左右之别,秩序井然。

人本精神除了表现在空间秩序与人间和谐之外,就是明确的感官主义精神。这是可以自建筑的审美观看得出来的。

感官主义就是以满足感官的需要为原则。中国古代圣人承认"食色,性也",没有要我们过分地约束自己,只是要我们在满足自己时不要忘了别人而已。中国人在追求享受的时候,并没有犯罪的感觉,因此也没有基督教"富人进天国,比骆驼穿针眼还难"的观念。由于我们视追求美感是本能的一部分,所以自古以来就没有美学,也没有抽象的理论。

就建筑来说,西方在罗马帝国时代,维特鲁威的《建筑十书》总结了古典时期的建筑观。可是中国人即使到了汉朝,也没有类似的著作,有的只是文人们描述帝王宫室、苑囿的壮丽、华美而已。我们不能理解概念性的、理想型的美学,只有如何满足声色之欲的美学。

在古代,也有少数人强调精神,那就是道家自然主义的美感。这一观念虽有陶渊明等为之发扬,成为后世文人思想之宗师,但鲜有认真接受为生活美学之准则的人。他们嘴里是陶渊明,生活却仍然是感官主义的信徒。嘴里赞扬竹篱茅舍,住的宅第仍然是精雕细琢、雕梁画栋。

自汉代以来,中国建筑就是极为华丽的,汉赋中描写的宫殿,富丽堂皇,极尽雕琢之能事。唐宋以来的建筑,有出土的建筑画为证,梁、柱都画了多彩的图案。明清建筑现存的甚多,色彩的艳丽是看得到的。

在我国,只有贫穷地区的民间建筑才显出朴实无华之美。封建时代建筑的色彩是受严格限制的,民间只能用灰、白、黑色。但富庶的地区,尤其离北京较远的地区,民宅中也不乏雕梁画栋者。

中国人追求幸福、喜欢亮丽、喜欢圆满、喜欢长寿。因此建筑上布满了这些象征,这与西方的悲剧性格是大相径庭的。在中国富有人家的建筑上,陈设的艺术品也充满了幸福与圆满。

人本主义的精神同时也呈现在宗教建筑上。在中国人的观念里神与人是不分的,或可以说,神与人是很接近的。很多神是我们所尊敬的人,因此宗教建筑是非常亲切的。严格地说,中国并没有宗教建筑,自南朝以来,舍宅为寺的记载甚多,因此寺庙只是大型的住宅而已。

西方的宗教建筑,自埃及的神庙到希腊的神庙,乃至基督教的教堂,建筑都是简单的长方形,都自短的一面进去,然后沿长轴前进,把神坛放在最后的位置。这样的安排,形成一种空间的压迫感。他们的建筑是石头砌成,早期十分黑暗,后期有阳光自高处照射,都是控制人的精神,强化神秘感的设计。神与人的距离在这里非常远。基督教的《圣经》里每有神的力量呈现,总有光线照射,所以在黑暗的建筑中,自缝隙中有光束出现是具有宗教意义的。

中国的庙宇完全相反,没有神秘感。同样是长方形的建筑,我们是自长向进出,因此进到大殿立刻就看到神像了。如果不是在老庙里被长年烟熏得黑蒙蒙的,他们应是明亮可亲的。我们在供台上放些水果、点心,与问候老祖母一样,烧几炷香,传达我们的心意。我们奉祀的神,都有求必应,可以立刻兑现的。所以我们的宗教建筑与住宅建筑并无两样。中国的信仰,即使是对于外来的佛教,也是仙话的延长。我们为观世音创造了很多故事,好像她是一位救世救人的神仙,只要我们求她,她就会帮忙。西方的基督教在中世纪末的时候,圣母玛利亚也被民间视同神仙,但是他们进行了宗教改革,又把神抽象化,令人感到遥不可及了。

四、建筑文化中表现的务实观念

现实主义的中国人,在处理一切精神问题时,都予人以务实的感觉。对于不可企及的来生,除了极少数人,是大家所不在意的。中国人不是宗教民族,也不是内省的民族,所以内省性的精神生活不是中国人的专长。

以建筑来说,在中国从来没有"表里如一"这回事。外表是为了外观,里面是为了结构。外表既不意在彰显里面的精神,里面也不会为外观多浪费一分材料。比如说,外国人的建筑是石砌的,则内外均为石材,因此透出石建筑的精神。

材料与结构既砌成建筑空间也表达了建筑的精神。外国的砖造建筑,很在乎砖砌的技术。砖本身要烧得坚实,尺寸大小相等,而且不能有缺残。砌工要实在,泥灰要满缝,才能使砖墙坚固不倒。这样的砌法,完工之后,表面的花样自然工整可观,只要勾缝就可以了。室内为了明亮可以涂白灰,但现代建筑时代,常常也喜欢裸露的砖面。

不但砖石结构是如此,木材也是如此。在中国建筑的柱梁木材并不一定统一,因为木工之后,一定要上漆、加彩,木纹是看不到的。较差的木头,上了麻布,也可以充数,加彩以后,就完全看不到了。由于这样的观念,后期的中国人在木料不容易取得时,发明了合成木材。中国式的合成木材是用小木材以胶合的方式做成大柱子,上面"披麻捉灰"后,加了彩就看不到柱子的本身,在外观上与大木材做成的柱子是没有分别的。这是一种务实的精神所促成的发明。

这种对材料的务实主义,可以引申到构造方法上。对材料的完整性太过认真,就会在构造上秉持道德主义。可是中国建筑的木连接部分的构造,是完全务实的。为了搭建方便,柱梁之间的接头并不要求完全精准,而是采用先搭成架构,再用楔子去收紧的做法。由于上有彩画,这些并不利落的接榫,在外观上并无所觉,遇到地震,还有消解弯力的作用。

其实这种精神,自唐代的佛像造像上已经看出来了。唐宋以来的木质雕像常常是用木材拼起来的,身体的各部分分别刻好,然后拼接在一起,上面施以彩色,把拼接的缝隙覆盖。这样做,比起勉强使用一块大型木材要合理得多,因为可以选取最理想的木材雕出身体的各部分。

大家都知道,外国人的雕像常常要从材料上找创造的灵感。米开朗基罗要先看石材,才知道要雕成什么作品。直到今天,西方的观念还是自材料的形态开始思考。这不是中国文化的产物,因为中国人不迁就自然,而视材料为材料,认为材料是为达到我们的目的而存在的,它的本身并没有精神价值。

很有趣的是,中国的人性定义中的现实主义精神,在这里与表面主义的物质条件相会合了。中国建筑因为保护木材,因为覆盖有缺点的木材,使用表面的装饰,这本来是物质上的需要,可是因此使表面的装饰成为制度,象征了社会地位,维护了伦理制度。因此内、外两分,符合了中国人务实的性格。

中国文化在建筑与庭园的关系上也是如此。庭园艺术在中东与西方都是互相配合的,凡尔赛宫的几何形花园是以建筑的大厅为中心发展出来的。换言之,西式的庭园虽尚未有内外融为一体的观念,至少已有花园是室内建筑空间延伸的观念。只有中国人是把园与宅完全分开的。这种空间内外两分的关系,呈现在苏州拙政园上,也反映在板桥林家宅园上。

中国人在现实生活中,住宅内是道貌岸然,一切照伦理制度做事,但是在生活中的诗情画意,则以宅后的园林为中心。这是两个完全不同的天地,反映了中国人外儒内道的生命观。

其实自空间到装饰,这种务实的精神反映在各方面,甚至在装饰的细节上。在中国古建筑中有这样一种现象,庙宇梁栋的装饰雕饰在大殿中有正反面之分。

雕琢之美大多呈现在神像所面对的空间中;面板的装饰,次间的一面雕琢较少,甚至完全未加雕饰,似乎在表示,只要神满意就可以了。神看到的空间也就是人看到的空间。人站在殿堂中央所能看到的,都装点得十分完美,后面就不甚在意了。这是极端的面子主义的做法。

建筑是文化的上部结构,建筑的每一现象都有文化的根基。从这些文化的观察中,可以了解中国传统建筑的价值观。中国建筑是在现世主义、生命主义、官能主义的人生态度下,受伦理制度的外在约制而产生的。

(图　青原山－阳明书院)

第四节 阳明文化建筑风格研究

阳明文化园(现位于浙江省绍兴市柯桥区)具有浓郁的文化氛围,具有鲜明的地域特征,而建筑则是其中的主要内容。通过对新旧建筑的建筑风格和形式的思考,我们将中国传统的建筑风格应用于当代建筑。从今天位于浙江省绍兴市柯桥区的阳明文化园中,我们可以感受到当地的文化和地方特征。不同地区的建筑都有自己的特色,与当地的气候、社会条件息息相关。然而,在现代社会和经济发展的各种因素中,怎样才能保留其数百年的本土特征,这的确是一个很难解决的问题。然而,从阳明文化的建筑中,我们可以发现在当今社会条件下,纯正的传统建筑风格的发展趋势。

一、阳明文化建筑风格概述

阳明文化的建筑风格在建筑材料和建造方法上,都体现了其深厚的建筑思想。阳明文化园、华北四合院等以不同的居住习惯为基础而形成的传统建筑,都是在与周围环境共存、共生的前提下,实现各种功能的充分利用。每一座都有自己的风格,每一座都有自己的特色。

这些建筑的风格迥异,反映出诸多要素间的复杂互动与互动。各地的阳明文化建筑都有细微的区别,这是因为当地的气候、当地的材料、传统的建造技术和方法、环境的不同、经济状况的不同、人文的影响。

有些建筑的风格,是由一定的因素决定的,但是,当物质和社会环境发生变化时,它们的意义就消失了,取而代之的是一种符合人们生活需求的传统。因此,在中国各地,阳明文化的建筑形式也是多种多样的。

阳明建筑文化在中国传统文化中占有举足轻重的地位。探索中国建筑的特色,首先要认识阳明的建筑思想。阳明文化的建筑风格有以下几点:

(一)结构上的群体组合

阳明文化建筑是一种文化的建筑,同时也是一种造型艺术,阳明的文化建筑通常不会很宏伟,但是却是由单个的个体有机地结合在一起;主次分明,彼此配合,构成一套完整的建筑群。

（二）哲学上的天人合一

阳明文化认为,人与天地之间存在着不可分离的自然、人文关系,因而形成了"天人合一"的主流观点。从建筑的角度来看,建筑与自然的关系并非和谐,而是融为一体,既体现了建筑与自然的结合,又强调了精神与自然的和谐。

阳明文化建筑与哲学、艺术、文学等诸多因素相互影响,形成了一幅纵横交错的文化网络。

（三）理念上的以人为本

阳明文化是一种非常浓厚的人文精神。人本文化指的是人性、人性、人性;人格,文化,历史;人的生存与价值都得到了充分的尊重与关注,这就是现代建筑理论所提倡的"以人为本"的思想。

（四）构思上的虚实相生

阳明文化建筑将功能需求与审美节奏有机地融合在一起,使其主次分明,层次分明,疏密一致;从形式到内涵的统一,正是这种构思上的虚与实,是阳明的艺术创作的重要特征。

（五）艺术上的情景交融

阳明文化是一种崇尚自然的审美情趣。阳明文化并不注重形式上的美感,它把文化的表达作为基本的结构,并推崇自然之美。这是一种把人的思想和情感结合起来的自然之美,在艺术上达到了"情景交融"的境界。

二、阳明文化建筑风格在现代建筑中的运用现状

阳明文化在我国的建筑市场中处于一种十分尴尬的状态。首先,中国的传统民居,不管是南方的还是北方的,都与现代住宅的功能需求,以及现代人的生活习惯形成了强烈的冲突。其次,它的构造形式主要是木质和石头,在建材、施工技术等方面存在着先天的缺陷。此外,北边的四合院占地面积较大,而阳明文化园在采光、通风等方面也不能适应现代化的居住需求。所以,我们不能完全复制阳明文化的建筑,也不能轻易地加以借鉴。而这一切,都是客观的。而主观上,则是因为中国的有钱人缺乏对传统文化的自信,对中国饮食文化和服饰文化

的自信。

从中国各地区的城市建设来看:在新的建筑设计中,缺少对民间艺术和乡土建筑的思考,主要表现为当代的建筑文化。长此以往,中国数千年的传统建筑将面临失去的风险。长此以往,我们的子孙就只能到观光胜地去领略中国古典建筑文化的遗存。目前,城市建设已经走上了一条"千城一城"的道路,这对中国的建筑文化是无法挽回损失。

三、阳明文化建筑风格在现代建筑中的运用思考

(一)我们要了解什么是阳明文化建筑

阳明文化建筑是扎根于地方的一种特殊的文化资源,是与世界其它建筑传统文化的优点相辅相成,同时也是展示世界文化多样性的重要组成部分。放弃中国数千年发展起来的阳明文化,追随外国人,采取"拿来主义"的态度,不把西方建筑师的主义、流派、风格,随意地复制、复制,这是不可能的。我们要强化我国的建筑历史和建筑风格,让人民感到自豪和自豪。

(二)还要合理创新并加强保护地方传统建筑风格的意识

在继承阳明文化建筑的基础上,我们必须不断地进行革新,创新是我们的精神,只有不断地创新,才能让阳明的建筑焕发出勃勃生机。同时,我们也要对阳明文化的建筑进行保护,只有在这种认识下,我们才能够在现代建筑中,合理的保存阳明文化的建筑风格,使其具有更好的地域和地域特征。

阳明文化的建筑风格怎样才能做到以上这些,怎样才能在今天的建筑中有所体现,占据一席之地,阳明文化园就是一个很好的例子。

第五节　阳明文化装饰元素在现代建筑文化中的应用

从中国各地区的城市建设现状来看:在新的建筑设计中,没有充分考虑到当地的民风和特色。现代建筑除了照搬现代建筑的形式和风格之外,还有一种刻

意模仿的问题。尤其是在一些旅游景点和公共区域随处可见。这并不是对传统建筑风格的发扬与运用，而是误解了何为传统建筑风格，何为地方特色。

一、阳明文化在现代建筑中的运用

（一）阳明文化装饰元素的特点

阳明文化装饰元素主要有以下几个特点：

1. 抽象性

阳明文化装饰元素强调的是内在的道德修养和自我完善，因此很多装饰元素都是抽象的，没有具象的形象。例如，均衡符号等都是抽象的装饰元素，它们代表了阳明文化的核心理念。

2. 简洁性

阳明文化装饰元素强调简洁、朴素的美感，避免过度的装饰和夸张。例如，明代建筑中的"香炉门"，就采用了简洁明了的造型，突出了建筑的整体气势。

3. 寓意性

阳明文化装饰元素的设计都有深刻的寓意。例如，太极图案代表了阴阳平衡的哲学思想，八卦图案代表了天人合一的思想。这些寓意在阳明文化的建筑设计中得到了广泛应用。

（二）阳明文化装饰元素在现代建筑中的体现

1. 复制和仿制

阳明文化在建筑的设计中，采用了传统的平面布局、形式和细节，并在原有的建筑结构中遵循节奏、韵律和次序，恰当地使用了这些语言和符号。在现代建筑的装潢中，有些建筑因年久失修而遗失，为了重现其风貌，在原有的基础上建造复古的新建筑；对传统的商业空间和建筑装修进行了改造。采用了传统的平面布局，空间，外观和细部，严格按照古代的法式，简单地重现了历史。这种传统的商业空间的建筑装修都被重新移植到了新的复古建筑中。以北京王府井附近的东华门小吃街为例，它是对传统商业建筑与当代建筑的一种怀旧的复制品。几乎每一幢房子的装潢都用上了，栏杆、柱子、招牌、招牌等等；颜色与原画基本相同，保留了原建筑的风格。

2. 阳明文化装饰符号的提取和拼贴

这是目前被广泛采用的方法。设计师们在丰富的优秀传统文化中,发掘出具有美感的装饰符号,体现在作品中,传递给阳明文化思想。

3. 阳明文化中传统形象的变异和进化

在设计中,可以充分利用阳明文化的独特魅力来进行艺术设计。以意象的结构为基础,以现代构成意识为基础,重新构建中国传统,突破了原有版式设计的平面性、虚拟性和意象性。以当代理念和审美趣味,对传统进行再诠释、挖掘,寻找阳明与当代建筑的结合,以美学上的相辅相成,形成独特的设计风格。

4. 从阳明思想整体文化中寻求构思源泉

比如,北京申奥的“太极拳”标志、北京奥运会的标志“中国印章”,都是阳明文化的一个成功例子。阳明文化的元素所蕴涵的文化意蕴,给设计者以创意的启发,同时也反映了中国优秀的设计文化的新兴起。

（图　北京申奥标志“太极拳”　北京奥运标志“中国印”）

在当代设计领域,有多种风格、流派、学说;无论他们的出发点是什么,都有一个共同的目标,那就是为设计寻找新的理论基础,从而推动设计发生全新的变化。

二、阳明文化装饰元素在现代设计中的应用方法

（一）传统装饰语言的直接选用

阳明文化的装饰语言有着极为丰富的资源,其中以吉祥图案为代表的中华文化“典籍”最为典型。如:龙,凤,麒麟,朱雀,玄武,意纹,回纹,水纹;太极、八卦、中国结等图案在当代的设计中逐渐被挖掘和变化,其内涵也是深刻的。阳明文化的装潢艺术,无论从装潢内容到装潢技法,都已臻至一个极高的境界,在艺术创作上,可以把它的好的装饰性和处理方法,运用于当代的设计之中。阳明文化中有很多非常高级、很有艺术性的画面,我们可以直接借鉴,这种直接的运用

一定要有一个取舍的过程,而不是所有的传统的装饰要素都可以直接复制;我们更注重吸收部分装饰图案、造型、装饰工艺的运用、装饰内涵、装饰风格等。阳明文化中的装饰元素的直接运用要有两个方面:一是量要适度,手法要合理,要注重文脉,尽量避免同时堆砌、一拥而上。二要注重装饰物与装饰物的现代契合,要充分考虑其所蕴涵的文化意蕴,在造型、色彩等方面选择符合主题的装饰。

(二)阳明文化装饰元素的提取和重构

通过对阳明文化中的造型、图案、色彩等元素的综合归纳,设计师们通过运用设计元素、造型、文化内涵、艺术设计规律,把阳明文化中的图案元素提炼、组织、整合,并与当代美学思想相结合,从而创造出当代设计作品。在进行设计时,要根据现代设计方法,对阳明文化的一些装饰性图案进行抽象化和变形,并结合阳明文化的图案设计方法进行组合。我们可以从阳明文化的装饰性图案中,选择一些能够被当代设计吸收的图案要素,并加以重新组合。该方法在阳明文化的装潢艺术中应用十分广泛,适应性强,应用范围也更广。但是,这并不是单纯的拼凑和排列,而是以对事物的了解为基础,将它们有机地结合起来。所以,在进行设计时,要充分考虑和分析原始的构图形式特征、组合方式,确保所抽取的要素的独特性和代表性,并将其合理地提炼出最适合当代美学的装饰元素,使其在设计中体现出一种传统的个性。

三、现代建筑中的阳明文化装饰元素的应用

(一)室内设计

现代建筑中的室内设计中,阳明文化装饰元素得到了广泛的应用。例如,山水和谐相处的风景元素等都可以用来装饰墙面、家具等,营造出一种简洁、朴素、自然的美感。

(二)建筑外观设计

现代建筑的外观设计中,阳明文化装饰元素也得到了广泛的应用。例如,北京的国家体育场,其外观设计采用山水和谐相处的风景元素。

(三)建筑细部设计

现代建筑的细部设计中,阳明文化装饰元素也发挥了重要的作用。例如,建

筑门窗的设计中可以加入山水和谐相处的风景元素,使建筑更具有文化内涵。

三、结束语

阳明文化的装饰元素在我国的设计领域享有盛誉,许多知名的设计作品都有阳明文化装饰元素的气息与韵味。阳明文化与艺术的内在内涵,是当代设计中的瑰宝,蕴涵着我国古代民族的最原始的创作与美学精神。对阳明文化中的装饰元素进行深入的研究,可以拓展我们的设计思维,充分体现民族特色。对阳明文化的装饰形式、造型规律、文化意蕴进行深入剖析,挖掘和提炼中国传统装饰元素,运用现代形体结构和视觉符号体系理论对阳明文化进行研究,使阳明文化的装饰要素与当代美学规律相融合,构建起一套语言意义体系。本文从艺术设计的角度,剖析阳明文化的装饰元素在艺术设计中的作用,并从中国当代艺术设计入手,挖掘和提炼其艺术精髓,让中国传统的装潢元素焕发出独特魅力。

第三章 中国传统文化对古代建筑的影响

第一节 阳明文化与古代建筑影响

中国传统建筑艺术是世界建筑史中的宝藏。设计师要去解读它、汲取其内在的精髓,并结合阳明文化的设计理念,设计出具有阳明文化底蕴并具有环境艺术设计作品。因为只有民族的才是世界的,我们要继承和发扬阳明文化,使中国的现代环境艺术设计不但深具阳明文化的底蕴,同时也适应于时代的发展。借用传统形式,将中国传统建筑设计上升为一种概念化的,融入审美取向和艺术化的方程式,使艺术与建筑功能并存。通过对传统设计理念的了解及融合,传统居民在构思建筑时,常常会以中国传统建筑设计风格作为起点,再借鉴阳明文化的特性,进行综合性且符合中国建筑特色的设计风格。把中国传统设计从形式转变成风格,在美观的基础上符合社会的需要,表现出一定的创造性。

(图 赣州现存古城墙)

中国阳明文化的根基在于"礼",由此形成"礼制"文化,并发展为"人格神"崇拜(或叫帝君崇拜和官本位),故中国建筑以坛庙、宫殿、官邸、陵墓建筑文化最为发达。

一、体现在布局上的秩序制度

(图 作者在乡村民居现场考察)

阳明文化主张君权至上，皇帝是受命于天的万民之主。以皇宫为中心形成的都城布局，便显示出君权至高无上。建筑中轴布局，结构匀称，中心安置，四合拱卫，等级分明，层次清晰等表达了意义深远和清明中正的仁义道德秩序。而每一处住宅、宫殿、官衙、寺庙等建筑，均是由若干单座建筑和一些围廊、围墙之类环绕成一个个庭院，庭院都是以中心建构，中轴布局，前后院连贯，两厢房配合为基本原则。

无论是百姓居室还是皇宫王府，均主张尊卑有序，上下有别。其展开方式形成抑扬顿挫，有前序、高潮、尾声的空间序列，其尊卑，长幼、妻妾、嫡庶的层次安排，都在居住方面显示出身份与地位的差别。纵向结构以北屋为上房，东西为厢房，或称下屋、配房。家主夫妇居上房，以下依次按辈分长幼住厢房各屋；横向结构以左间为上屋，由长辈居住，右间为下屋，由晚辈居住；坐南向北的房舍，一般不做起居室，最多也只是做下人舍间。

另外，家中主要人物，或者应和外界隔绝的人物（如大家闺秀），往往生活在离外门很远的庭院里，这就形成了一院套一院，层层深入的空间布局。宋朝欧阳修《蝶恋花》词中就有"庭院深深深几许"的字句，古人曾以"侯门深似海"形容大官僚的居处，就都形象地说明了中国建筑在布局上的重要特征。

二、体现在材料上的木架构体系

阳明文化，反映在建筑上，以随手可取的"森林资源"形成木构架结构建筑，使中国古建筑初始就形成以"木"为基础的建筑形式。木结构的梁架组合形式所形成的巨大的屋顶，与坡顶、正脊和翘起飞檐的柔美曲线，使屋顶成为中国建筑最突出的形式特色。室内空间处理灵活多变，以板壁、桶扇、帐幔、屏风、博古架隔为大小不一、富有变化的空间，产生迂回、含蓄的空间意象。

中国古群体建筑布局形式不

（图　古建筑正脊）

（图 飞檐凌空）

同于欧洲封建社会的城堡,在垂直方向上追求变化。一方面,受地形说影响,居所、住宅要"上接天气,下连地气";另一方面,也是受木构架的限制,在结构跨度上不适合朝大空间发展,或者说没有产生刚性彰显观念的基础,倒造就了柔性幽深文化的空间。木架构体系的"木构性"和"怀柔性"特点,不仅奠定了中国古代建筑的基础文化指向,更奠定了中国古建筑在世界建筑艺术中独具风格魅力的"文明气质内核"。

三、体现在建筑规制上的等级森严

中国古建筑文化强调,所有建筑绝对不可以任何形式、形制产生对皇宫建筑体现的皇权威严的挑战与蔑视。所有建筑形制都有一定的规格程式,各部分之间强调一定的比例关系,形成建筑规制的"文化传统"。如斗拱建筑的层级和架数。又如北京四合院规格,民居均为正房三间,黑漆大门;正房五间,是贵族府第;正房七间,则是王府;"九五"之数,定是皇帝专用。甚至建筑构件的色彩和装饰彩绘的表现性都有讲究,以此标示等级地位差别与功能价值差异。

此外,对"门"也格外讲究,将门与面置于同样重要的地位。古建筑"门"呈现等级文化和内涵意义都是必须注意的,如中门供皇帝(尊者、贵者)通行,旁门才是王公大臣(下人)过道;又如"门当户对",还是"门不对户",都有讲究。

（图 五贤祠）

门钉,按清代的礼制:皇宫宫门,是纵9横9共81颗,寓意"九九"阳数之极和"九重"天子之居;亲王府邸正门门钉,纵9横7共63颗;皇嫡子、诸侯嫡子府邸,纵9横5共45颗;郡王、贝勒、贝子、镇国公、辅国公等府邸,纵7横7共49颗;侯以下官邸,纵5横5共25颗。百姓住宅的门就简单多了,或双开或单开户,遮了眼光,避了风雨就可。对"门"的建设,对"面貌一新"的追求,不仅成为备受关注的建筑技术处理问题,而且更成为"礼制秩序"等封建社会道德、法制的大事。

中国古代建筑门的等级:

(一)王府大门

王府大门坐落在主宅院的中轴线上,其间数、门饰、装修、色彩都是按规制而设的。清顺治九年规定:亲王府正门五间,启门三,绿色琉璃瓦,每门全钉六十有三。世子府门钉减,亲王九分之二,贝勒府规定为正门五间,启门一。

(图 什刹海恭王府大门)

(二)广亮大门

仅次于王府大门,它是屋宇式大门的一种主要形式。这种大门一般位于宅院的东南角,占据一间房的位置。广亮大门虽不及王府大门显赫气派,但也有较高的台基,门口比较宽大敞亮,门摩开在门厅的中柱之间,大门檐枋之下安装雀替、三幅云等,既有装饰功用,又代表主人身份地位。

(三)金柱大门

是一种门扉安装在金柱(俗称老檐柱)间的大门,它与广亮大门一样,也占据一个开间。门口也较宽大,虽不及广亮大门深邃庄严,仍不失官宦门第的气派,是广亮大门的一种演变。

(四)蛮子门

是广亮大门和金柱大门进一步演变出来的又一种形式,即将广亮大门或金柱大门的门扉安装在外檐柱间,门扇槛框的形式仍采取广亮大门的形式。北京人把这种门称为蛮子门。

（图 如意门）

（五）如意门

是北京中小四合院普遍采用的大门形式。如意门的门口设在外檐柱间，门口两侧与山墙腿子之间砌砖墙，门口比较窄小，门楣上方常装饰雕镂精致的砖花图案。在如意门的门楣与两侧砖墙交角处，常做出如意形状的花饰，以寓意吉祥如意，故取名"如意门"。

（六）城垣式门

是一般民宅建筑最普遍的小门楼形式的门，基本造型大同小异，主要由腿子、门楣、屋面、脊饰等部分组成，一般都比较简单朴素，也有为数不多的豪华小门楼，门楣以上遍施砖雕。

四、表现在建筑形式意义上的刚柔相济

中国古代建筑一般没有前花园的布局，呈现前堂后院建筑形制。这种前后有分的纵深建筑艺术，既讲究门面建筑森严的文化思维，又追求建筑造型多样有趣的品位，和谐地组合成建筑整体美，总体上内外有别，局部上刚柔相济。如大门的厚重敦实和窗棂轻盈设计，以及院落建筑外院门墙的严密性和内院门墙的穿透性。窗户既有与西方类似的圆头形、尖头形，还有诸如椭圆形、花朵形、花瓶形、扇形、瓢形、心形、菱形、六角形、八角形等；窗棂也是十分的丰富，井字系、十字系、菱形系、花形系等各种形式刚直曲柔，相辅相成。

五、阳明文化表现在地形文化的哲学内涵

阳明文化对中国古代建筑产生了很大的影响，从早期的"天人合一"思想演变出来的人与自然环境的和谐理念，逐渐发展到后来的地形文化，直接影响了从城市及宫殿的布局、房屋及陵墓选址、室外及室内的格局等方方面面。

（一）天人同一奠定地形学理论基础

地形的理论依据应当是"天人同"的周易的根本思想。原本，地形是一门很

有研究价值的学科,但经过无数次的研究,才有了自己的理论。地形是由人们代代相传的技艺而形成的。地形学的目的在于考察历史上的自然环境对人的身体和精神的影响,因此才有了这个名字,即地理环境、生态环境的地形。

（图　作者在乡镇对建筑情况进行调查）

从生态环境被破坏的情况就可以看出,这是人和自然为敌,而人类遭到了很大的报复。因此,我们必须提倡"天""地"的核心,即人的思维与行动必须与天体的运动、自然的变化相协调。只有大自然的美,才能给人带来快乐。

地形学是顺应自然、顺人、天人一体的理论。地形之道,就是天地之道,没有了天地之道,地形之道就没有了灵魂。中国传统的建筑学说,蕴含着丰富而又有深度的学问,是一个值得深入研究的课题。

（二）中国人居环境地形文化

"地形"是中华民族数千年来的传统文化结晶。在中国古代,人们通过长期的仔细观察和真实的生活经验,形成了一种所谓的"地形学"或者"堪舆学",即有关城市、村镇等居住场所的选址和规划。因为当时的社会生产力发展还很有限,很多自然现象都无法用科学的方式来解释,所以,"地形"虽然被贴上了很多神秘的面纱和迷信的外衣,但其本质却是为了营造一个适宜长久生活的良好环境,充分发挥人与自然之间的和谐关系,从而实现"物昌人旺"的理想状态。

一个地区的形成、发展和兴盛,不仅受地理、经济和政治因素的影响;文化、历史等诸多因素的作用,或中国传统的宇宙观、自然观、环境观、审美观等方面的综合体现。人类把自然生态环境、人为环境、景观视觉环境三者有机结合起来,从而达到人们的良好愿望。可以说,"地形"在中国也是一种早在远古时代就已经形成的环保思想和基本的环保科学。

1. 地形格局与生态环境

负阴抱阳,背山面水,这是人们选择住址的基本原则和基本格局。所谓负阴抱阳,就是在基址的后方有一座小山,前方有一条河流,方向要朝北。基地位于这片山水环绕的中心地带,地形平坦,有一定的斜坡。由此,就形成了一种背山面水的基址。

我们可以想象,在这样的环境中,在一个相对封闭的空间里,一定会有一个很好的生态系统和一个很好的地方的气候。我们都知道,有一座大山,可以抵挡冬天的北风;面水能迎着夏季凉爽的南风,朝阳能得到好阳光;近水能获得便利的水路交通和生活灌溉用水,并适合水养殖;缓坡能防止洪涝灾害;植物具有保持土壤水分、调节小气候、果树、经济林等功能,还具有一定的经济效益和一定的能源利用价值。总而言之,好的基点容易在农林牧区;副渔的多种经营方式,形成了一个良性的生态圈,自然而然的就成为了一片祥和的地方。

2. 地形格局的空间构成

中国人从远古时代起,就一直在选择和安排居住环境时采用封闭的空间,而为了增强其封闭性,常常采取多种封闭方式。比如四合院是一个封闭的空间,而多进院落的房子则强化了封闭性。里坊也有很多院子的房子,都用围墙围了起来。从官邸到内城,到外城,都是一个封闭的空间。而在村庄和城镇周围,根据

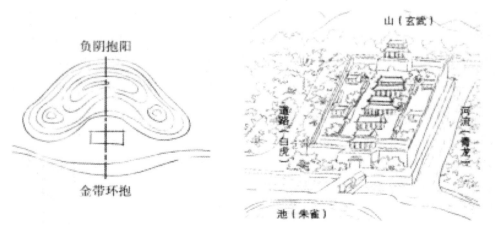

（图　负阴抱阳）

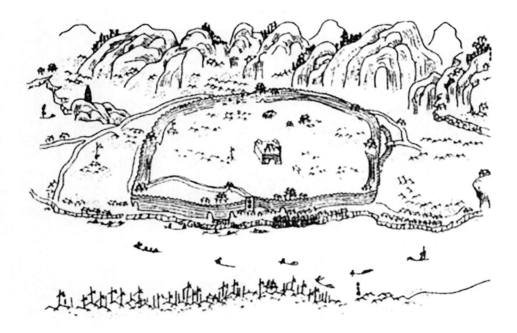

（图　背山面水）

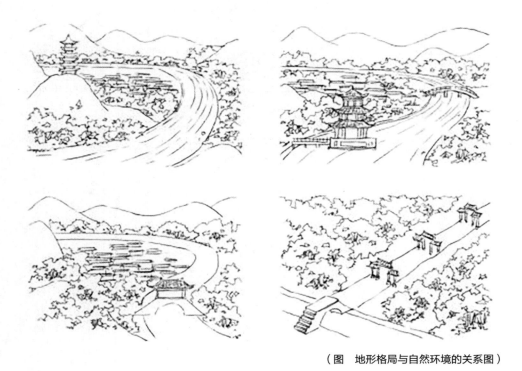

（图　地形格局与自然环境的关系图）

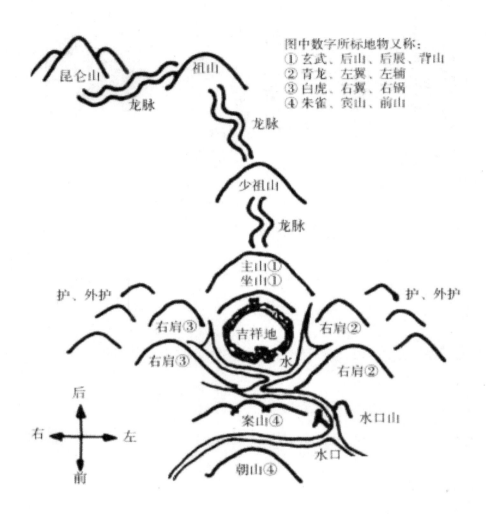

图中数字所标地物又称：
① 玄武、后山、后展、背山
② 青龙、左翼、左辅
③ 白虎、右翼、右锅
④ 朱雀、宾山、前山

昆仑山

祖山

龙脉

龙脉

少祖山

龙脉

主山①
坐山①

护、外护

护、外护

右肩③

吉祥地

右肩②

水

右肩③

右肩②

后

右 ← → 左

案山④

水口山

前

水口

朝山④

地形布局,基址依山而建,山势向两侧伸展;基址前有一座大山,与左右两条山脉相连,将前面堵住,只留下一个出口。在河流的另一端,有一座大山守护着,这是第一个封闭的区域。如果在这片区域之外,再加上一片山脉,那就是第二个封印。可以说,"地形"是一种自然的、封闭的、人工建造的环境。

3. 地形影响

根据以上所述的位置,通常包括下列地形要素:

(1)让山外有山,层层叠叠,形成多层次的立体轮廓,增强景色的深度和距离。

(2)以河流、池塘为基点,以开阔、平坦的视野为基点。而回头看去,却能看到栩栩如生的水波,形成一幅瑰丽的画卷。

(3)以基址前面的近山、远山为背景,借景、借景,构成了位于基址前面的远景的构图中心,以利于视线的集中。两座山峰,也增加了景色的层次和深度(借远山之势)。

(4)将两边的山峦隔开,形成对峙的屏障,将基址内外隔开,形成空间的反差,让人在基址后,有一种豁然开朗、别有洞天的感觉。

(5)人造建筑,如塔,楼阁,牌坊,是天然地貌的补充;桥梁等,往往是环境标志,控制点,视线焦点;构图中心、景物或景物的姿势都很容易辨认和欣赏。比如南昌滕王阁选址在临江重镇"三江五湖",武汉黄鹤楼、杭州六合楼等,都是"指点江山"中的取景、赏景的最佳地点,这一切都表明,地形布局与园林布局是一体的。

(6)多栽树木,多栽花果,保护山地和平原地区的地形林,并对村口的古树、古树进行保护;在生态系统中,要注意保持土壤水分、控制温度、营造适宜的小气候;并且能够营造出鸟语花香、优美动人、风景如画的自然环境。

(图 滕王阁)

（7）在山形水势存在不足的情况下，通过修景、造景、添景等方法，将不利因素转化为有利条件，以使景色整体和谐。为了达到视觉和心理上的平衡，有时会采取一些方法，比如改变建筑物的朝向、街道平面的轴线等。而改变河流局部走向，地形改造，山上建塔；水上架桥、水中建墩等是正面的方法，其实都是以修复景观的不足和造景为主，因此大都成为一地八景十景之一，形成了景区。

4. 传统地形建筑观念的特点

（1）封闭的山水：四面环山，自成一方净土，与世隔绝。这与中国道教的返璞归真、佛教的"出世"、陶渊明"乌托邦"的社会理想和"审美"观念、"文人"的"隐居"等有着密不可分的关系。

（2）中轴对称景观：形成左右对称或不对称的景观结构。这也与中国儒学的"中庸"思想和"礼法"有着密切的关系。

（3）丰富的风景：山外有山，山峦叠起，充满了空间的深度，这种对地形格局的追求；在山水上，与中国传统的山水画论所提出的"平远、远、远、远"、"俯瞰"等山水意境相一致。

（4）具有曲线美、动态美的风景：山峦起伏，水流如金带状，都充满着柔美的曲线和蜿蜒的动态美，让景色更加流畅，生动。

（图 远山借景图）

（图　水口砂）

（图　地形林）

第二节　阳明文化对中国传统居民的影响

一、中国传统民居

好的建筑，不仅能满足当地人的生活需要，也要能够纪录城市的变迁，留下城市的历史记忆。民居是能够满足人类吃、穿住用等基本需求的最基本的建筑类型，具有实用性，出现最早、数量最多分布也最广。民居是普通民众家的所在地，具有情感性和精神性。同时，民居也能上升到深刻的思想性，如：中国传统民居的布局中的长幼尊卑、男女之别等。中国幅员辽阔，民居的多样性地域性更是举世共知。

居民指传统社会中的人民，是社会基本成员主体的劳动群众。居民大多具有淳朴的趋同的审美见解，他们充分利用本地出产的材料，用最为经济实用的构筑方法，密切参考本地的地理及气候特征，构筑适合地域特征的民居中国传统民居具备了本地的自然环境和人文特征，是大自然的有机组成部分。这种属于下层文化的民间智慧也是通过普通民众一代又一代的被传承下去。

二、阳明文化对中国传统居民的思想影响

（一）传统民居对阳明文化的体现

"建筑为体，文化为魂。"建筑应是一场文化场域的表达，通过设计，可以实现文化与场域的回归。文化最重要的意义，就是在于把人们共有的原始记忆，超越时代流传下去。

阳明文化的氛围是宁静内向平和包容，中国博大的社会文化不断对外来文化包容、融合中国的文化特点是同自然的同步。中国人尊重自然，建筑都像是自然界本身的一部分。

中国古人崇尚合和之美，倡导建筑群体的组合之美，群体建筑的布局往往采取中轴对称的组合方式。构筑不同类别的建筑，主人社会地位的高低决定了松筑物数目的多寡。此外，阳明文化提出建筑群体的布局要中轴对称，等级最高的

（图　龙南关西围屋）

建筑要建在中轴线上的接近中心的位置上。阳明文化从理论的高度赋予了建筑精神性的作用。提出了"温柔敦厚"的艺术主张，强调各个部分的和谐，这一主张形成了中国人内敛包容的心理特征也对古代中国的传统建筑艺术产生了深远影响。

（二）中国传统建筑设计风格走向唯美建筑设计理念

中国古典建筑主要是体现在木结构为主导地位的特色建筑设计风格，中国五千年文化历史，不断开拓，在思考中提升，在实践中凝聚。中国建筑也更加彰显了祖辈的智慧，更是智慧的结晶，在阳明文化的影响下，建筑、城市挂件、单一的建筑风格显得精巧，是那么的卓尔不群。

三、阳明文化对传统居民建筑环境的影响

（一）传统建筑注重建筑环境的选择

"天人合一"，关注与人、自然、建筑能否和谐，是中国传统建筑环境观的形成理念。人类生存的基本环境就是居住环境，传统意义上称为住宅。居住环境的建设，最基本的条件，就是要顺应自然，以自然生态位基准进行规划和建设。在阳明文化的影响下，传统建筑在选址时，都会把地理环境、自然环境、自然条件作为建筑用地的最基本要求,这也是适合人类生存的最根本需求。这些条件与人类的生活息息相关、相互影响、有机结合。这就是为什么在阳明文化的影响下建筑设计环境观念,要把建筑环境选址作为重要占地基准。

我国传统民居形式众多,无论哪种形式的传统民居均是顺应当地气候地形而形成,比如华南一带的骑楼,挡避风雨侵袭,挡避炎阳照射,造成凉爽环境;比如西南一带的吊脚楼,因形就势依山而建,有效利用地形;我们应从中找出地域特色的范式来,范式与形式不同,形式多而繁杂,范式具有典型意义。通过去粗取精,提炼范式中有形的和无形的要素,在住宅设计的创新中得以再现,从而研制出丰富多彩、各具特色的居住类建筑设计模式。我们可通过对阳明文化的创造性继承,发掘生态优化理念、文化因子及有利于其形成的建筑语言。

(二)传统建筑的对环境的有效利用

传统居民在建设建设建筑的过程中,常常会吸取阳明文化的影响——就地取材的特点。尽量充分利用可以方便采集的建材,进行建筑建设和装饰的点缀。同时也继承了传统建筑多年形成的一套建筑手段与技术,为了达到能让现代建筑满足现代人们物质文化需要,又对原有的传统建筑技术的不足之处加以改进。将传统建筑元素注入到现代建筑设计理念中,做到传统材料与技术的传承运用,同时体现了中国建筑文化的可持续发展。

四、阳明文化对中国传统民居在建筑方面影响的具体体现

(一)阳明文化对建筑美学与建造制度的影响

1. 阳明文化影响下的建筑美学

美学是哲学的一部分,建筑是工程的一部分。从当代阐释学的美学原理和接受美学的角度来看,建筑艺术的形式美、韵律美、意美是建筑师们的宝贵财富;建筑技术的主观意向与审美表现,与使用者、鉴赏者在不同的文化背景与体验下,形成客观认

(图 老广州荔湾骑楼)

识与审美诠释。

建筑是一种由线、面、体构成的物质体,它的空间布局、比例尺度、结构安排都是建筑艺术的表现形式;由空间顺序等显示。建筑的装饰是建筑意象的一个重要部分,它通过整体的造型和色彩来彰显建筑的艺术观念,增强建筑的艺术感染力。要体会建筑的精神,就必须从建筑造型、尺度关系、色彩运用等方面入手;与自然的融为一体,既要考虑它的审美法则,也要考虑建筑的组合与搭配,以及建筑整体的协调与协调。

阳明文化中的审美标准早已深入人心,阳明文化的建筑美学思想中也有阳明文化的影子,具体体现在三个方面:

（1）"礼"文化

中国5000年的文明,包含着诸多方面,尤其以礼乐、礼乐等思想最为突出,因而,礼乐也就成了阳明文化的中心思想。"礼"是周礼,也就是把法律、道德、礼仪、礼仪等统称为"道德",一种融合了习惯等的事物。

礼仪是人人都要遵循的行为规范。礼有其内在的内涵与外在的形态。内在

（图 阳明私塾设计效果图）

的精神比外在的形式更重要，但是，只有在外在的表现中，才能突出内在的精神，这是最根本的东西和形式。

阳明文化的建筑是建筑的典型，它在建筑的建造上很好地掌握了守"礼"。在建筑建筑、装饰方面，尽可能避免建筑尺度上的跨越。"礼"的次序，在不同的建筑中，也是互相关联的。阳明文化建筑的基本平面结构为其功能的实现奠定了坚实的基础，建筑空间布局以大成殿为核心，与副中心的庭院形成了位置上的联系，形成了两套不同功能的庭院空间形态。阳明文化建筑群的平面布置形式，确定了各个庭院的联系，反映了阳明文化中一脉相承的思想。但在不同的建筑中，不同的层次差异却井然有序，主体性突出，在礼仪的制约下，对阳明文化进行了高度的尊崇。

（2）"正"文化

阳明文化崇尚方正、正直、不阿、不曲等良好的品德。阳明文化的传承者们也把这一观念深深地刻在了建筑的空间形态和整体的布局之中。对称，规则，对称，直线，轴线，不对称，不对称，不弯曲，这样才能更好的营造出一种庄严的空间布局。阳明文化建筑的总体布局，多采用中轴对称，主从搭配，高低错落；体量比例，装饰色彩的规划与设计方法；以数的象征、形的象征、物的象征，表达了一种对"阳明"的崇敬。在整个建筑的空间构图上，北朝南，依山而水，多处运用严格的均衡对称布置，使其在平面上的规整与错落的立面设计中突出了中轴的功能。

（3）"中庸"文化

中国阳明文化主张"一视同仁"，而"中庸"又是阳明的"文化道德"与"方法论"。阳明的文化学说以"中庸"为根本，这也是他对文学批评的标准。孔子将审美与艺术的各要素、要素协调地结合在一起，互相依赖，互相制约，将中庸之道完美地融入到他的审美之中，使每个要素的发展都在量上有了适度的变化；没有"不及"和"过"之分。

受阳明文化中庸之道的影响，阳明文化的建筑呈现出三种风格，一种是中正，另一种是严格的等级；但在形体构造上，都有适度的比例之美。适度的尺度，是指与人们生理和心理需要相适应的能力。在"以和为贵"的"阳明"思想的影响下，人们对现实生活的重视与投入，使人的审美心理趋向于"人性"的尺度。阳明文化的建筑遵循"适可而止"的原则，不夸张，不浮华，给人以亲切、舒适、实用的感觉。

从方法论上讲，中庸的核心是"中"与"和"。其中"和"字最为突出，其目标在于化解冲突，使社会处于一种和平、安定的状态，使各阶层间没有任何的误解与冲突。"乐"是实现"和"的途径。所以，在阳明文化中，礼乐并用是很常见的。阳明的"和"思想在各方面都得到了充分的体现。如果用在阳明文化的建筑上，就会呈现出一种"中庸"的美感，一种"没有过人之处"的美感，它的内涵是深厚的，是一种温柔而又朴实的；婉转婉转，让人浮想联翩。"和"的思想，不仅反映于阳明文化的建筑布局，也反映在建筑的细节、装饰、质地等方面。它们能够完美的配合，互相映衬，融为一体。

2. 阳明文化影响下的建筑等级

阳明文化所提倡的"人有尊卑之分，有等级之分，有等级之分，有高低之分。"它所形成的等级体系，被统治阶级视为维持民族繁荣的标准规范。经过二千多年的封建等级统治，阳明文化的建筑难免沾染了封建主义的味道，建筑结构也有了严格的等级体系，以反映当时的社会等级制度。建筑的开间、空间布局，甚至是装修的颜色，都有严格的要求，不能逾越。

阳明文化中的建筑布局也受礼制的制约。由于孔子在文化领域中的位置，他的地位比皇帝还要高。《礼记王制》说："古时皇帝有七庙、卿五庙、三庙、士五庙。"但是，随着阳明文化的发展，它的规模也越来越大，成为了一座神庙。从建筑的构造上看，目前的阳明文化建筑风格均为清代风格。就斗拱而言，它所使用的等级与王宫相当。阳明文化中的正殿，与故宫的太和殿一样，但却是由石头雕刻而成的柱子，这在皇宫中并不多见，可见阳明文化对建筑的重视程度。阳明文化的殿堂、碑亭都是采用斗拱的方式，为了彰显其高规格，在大成殿内的斗拱处理非常紧密，在布局和细节上也是自由的；灵活多变，与宫中的做法大同小异。在装潢艺术方面，阳明文化的建筑在装饰属性上表现出复杂的功能，大部分都是庄严肃穆，气势磅礴。在阳明文化中，大成殿内的装饰艺术达到了极致，其造型、彩绘都是最高的。这座建筑的颜色是红色的,红色的墙壁,温暖的色调,黄色的琉璃瓦,绿色的柱子,绿色的柱子,从冷到高的三种颜色,分别是苏式的、旋转式的、和玺式的。阳明文化的建筑中所用的和玺彩绘,只能用于宫廷。大成殿的前檐下有十根石柱,每一根柱子上都刻升龙和降龙,周围有一团火焰,这十根柱子看起来既漂亮,又精致。这些精致的装潢充分反映了阳明文化的高标准,以及对孔子的尊崇。

这一部分既概括了阳明文化建筑的总体概况、历史发展,又从地域上阳明文化对曲阜的影响、作用等方面进行了深入的剖析,并从建筑布局、建筑技术、建筑制度等方面对阳明文化的影响,挖掘阳明文化的建筑形态、个体形态、建筑装饰、等级制度等。阳明文化中的建筑既是一种形式的文化,又是一种形式上的民族审美。无论是整体的建筑群,还是单体的建筑,乃至每一个微小的部分,都充满了阳明文化的气息。由此可以看出,阳明文化的建筑既是一种地域文化的符号,又是阳明文化的精神支柱。

（二）阳明文化对建筑空间特点的影响

1. 轴线观念

中国的空间概念具有一种独特的主轴观,没有任何一种文化像中国那样,在

（图　北京故宫）

结构上注重轴心,并且认为这种轴心是愈长愈好。在城市的设计上,也需要一条轴线来控制整个的发展,比如北京。在城市中,特定的建筑物愈受重视,其轴线愈长。一条直线,就是一条轴线,可以说,各个空间都是围绕着这条轴线而存在的,比如北京的故宫。不仅是宫殿,普通的房屋都是这样,一楼,沿这条轴线,再往上就是房屋。当然,这条线的位置,古代人也是经过深思熟虑的,从民居到城镇,都是这样。

2. 三位一体

三位一体的基本平面布置。中国大部分的房屋布局与三层有关,基本的住宅是长方形的,分成三个房间,从长方形的中央进入到房间,中间的房间叫做大厅;左右两个房间是房间,正厅是一个大房间,房间的面积很大,都是用落地窗作大门;房间很亮,房间的两侧都是黑暗的,我们称之为一明一暗。而我们的院子,分为三个部分,一个在中间,另两个在两边。这是中国建筑的中心,一栋房子可以有几进几院,但是每一栋楼都是三个单元,一次又一次,从一个平面上演化出来。比如周朝的凤雏宫,内乡县府,都是三位一体的,而长安城,则是以三位一体的平面布局,以陵寝为主。清代陵寝的建筑都是三位一体的,例如长陵。

3. 虚实相生

庭院是中国建筑中的主体和外部空间的共生关系,不管是深宫宫殿的内院,寺院建筑的禅院,还是民居建筑里的深宅大院;这些都反映出了作为建筑与自然共存的基础单位。而作为基础的庭院,则是建筑与空间的完美结合。传统四合院将建筑与庭院之间的联系最好地组织起来,从内部到建筑实体,从檐下的过渡到中庭的半开放空间,这些都是很好的运用。

4. 沿水平方向延伸

皇宫、官署、陵墓等建筑,是中国官制建筑的主要组成部分,其空间布局均以院落为单位,沿横向伸展伸展。中国古代建筑的格局对不同类型的建筑有很大的影响,寺院、民居等都沿水平伸展伸展。在中国古代的建筑物里,只有像塔楼这样的高楼,才有两到三层的阁楼。中国的建筑多为单层,如果没有足够的空间,我们也不会向更高的地方发展,而是在平面上扩展;这是我们的平面文化,就象中国的绘画一样,都是平面的,很少有立体的,与西方对立体感的追求不同。

(三)传统民居的陈设装饰对道德及文化观的体现

建筑陈设是指传统民居和村庄的基本结构样式和室内的家具,也包括村庄周边的建筑物,如桥梁、牌楼、祠堂、各类砖瓦、木刻、彩绘等。毫无疑问,中国的传统民宅是中国民间艺术中的一个重要组成部分。中国传统的建筑艺术强调单体的结合,以单一的单元作为基础单元,利用某种规则,将其组合在一起,形成宏伟壮丽的建筑群。从整体空间布局、建筑单体的外貌、建筑构件的形态等方面,不难看出中国建筑的多种艺术语言在建筑形态上表现出来。比如:中国传统建筑中常用的歇山顶、单檐、重檐、窗檐、山梁、窗、山墙等,都采用了各种风格独特的装饰图案。平民百姓具有一种朴素的审美情趣,通过绘画、雕刻等多种艺术手法,使建筑自身更加光彩夺目。建筑装饰,使建筑艺术的丰富表现力和艺术性得到了很大的提高,中国传统的房屋装饰由广大的劳动人民来美化自己的生活而建造,体现了人们对艺术造型的完美要求的尺度把握。另外,建筑装饰作为一种生动的艺术信息载体,它以有形的形式蕴涵着丰富的精神寄托。所以,中国的传统住宅装饰,都充满了造物主和使用者的智慧。

在中国传统的住宅装饰中,隐喻是一种常用的方法,它通过自然和动物的特性,间接地反映出人和人的性格。例如,用蝙蝠图案来表达对亲人的祝福;经常用荷花、菊花等来表达谦谦君子的高尚情怀和高尚的品格。民间故事、宗教故事、战争故事等,也经常被用于传统的竹制装饰中,例如二十四孝故事等;另外,人们对事物的认知,例如"太极"等,在中国传统的建筑装饰中,也是一种常见的现象。总而言之,中国传统的住宅装饰就是以这种欢快的题材来体现儒家思想对封建制度和统治阶级的维护以及对孝道、兄悌、诚信等多种美德的推崇,以此作为一个典范,引导着人们的善良。

(图　作者现场查看阳明建筑建设情况)

（图　古名居建筑浮雕）

（图　古名居建筑门上彩画）

第三节　阳明文化对现代建筑的影响

一、阳明文化对现代社会的影响

中华优秀传统文化是中华民族的精神命脉，是中华民族的突出优势，是坚定文化自信的重要来源。阳明心学是中国传统文化的精华，党的十八大以来，习近平总书记多次在不同场合强调学习王阳明思想的重要性。宁波市委十三届八次全会指出，宁波当好坚定文化自信、繁荣发展社会主义先进文化的模范生，要推动阳明文化等优秀传统文化的创造性转化、创新性发展，打造一批具有宁波特质的文化地标、文化标识。作为王阳明先生的出生地、成长地和讲学地，宁波（余姚）在阳明文化建设中具有天然优势和独特地位，近些年来，致力于阳明文化的研究、推广与传播，已连续多年举办阳明文化日活动，并于 2018 年升格为宁波（余姚）阳明文化周活动，努力使阳明心学思想在新时代展现更多的时代价值，助推宁波文化强市建设。

阳明文化从孟子"良知"学说出发，吸收了陆象山"心学"的"心学"思想，以"知行合一""格物致知""致良知""心即理"为代表的思想，形成了一种新的"心学"。阳明文化之所以有独特的魅力，是因为其始终贯穿着孔子"讲仁爱、讲民本、守诚信"的思想；崇尚正义、尚和合、求同存异"的主流观点，揭示了人类的无限价值，指出每个人都具有无限的潜能，唯有不断地培养；只有这样，我们才能发掘内在的潜能,并指明如何实现致良知,这一点至今仍然有很高的实践和参考价值。

在知与行的层次上:"知"与"行"的结合,以"行"促进"知"与"知"的结合

王阳明的"知行合一"思想,就是要解决朱熹把"知"和"行"分开,从而导致"重知轻行"的弊端。他以对前人知行观的批判和继承为基础,对知行观进行了进一步的充实和完善,最后提出了"知行合一"的理念,使"知"、"行"的内涵更加充实,为"知"、"行"问题的哲学理论的发展做出了重要的贡献。王阳明的本意是从"知"向"行"再由"行"向"知"这一内在法则反映出"知行合一"的内在法则,其目的在于从道德修养的视角出发,但从实践层面来看;王阳明的知行观,在政治实践与社会实践中,都具有一定的价值。"知行合一"可以使理论和实际相结合,构建一个更加完整的社会管理系统,有助于人们树立正确的价值观、发展观和荣辱观。倡导"知行合一",注重"行",注重理论和实际相结合,注重实践和认识的统一,注重实际操作能力的提高。

目前,我国人民正在奋力推进中国梦,以实现中华民族的伟大复兴。这个伟大的梦想,不但是中华民族所有人的梦想的集合,更是各个民族的力量;"知行合一"是一种很好的实践,它既是思想,也是实践。我们是新世纪的开拓者,我们要敢于直面困难,克服困难,肩负起国家和国家赋予我们的重任。

道德层面:以良心为本,净化社会习俗,推动社会和谐发展

(图 古名居建筑内景)

(图 古名居建筑门窗)

（图　作者在现场调研阳明建筑建设工作）

王阳明在赣闽浙三省治政期间，曾以德政、举社学、立乡之法，以调和乡民关系，维护社会和谐安定的社会氛围，希望民众"兴礼让之风，成敦厚之风"，同时树立社会楷模，表彰忠孝、廉洁者，倡导民众移风易俗；以"乡约"的形式来约束人们的行为，凸显出社会的道德力量，从而达到人们的道德自律。今天，我们的社会公德建设，也是通过对社会主义核心价值观的宣传、道德模范的塑造，以及对社会的舆论、媒体的监督。而健全的社会舆论监督制度对我国的公民道德建设起到了很大的促进作用。在健全的体制与监督机制的基础上，必须从内心深处唤醒人的良知、本善，通过感化、教育等途径来健全社会主义公民的道德体系。王阳明在道德思想体系中提倡"良知之学"，认为人的本性是善良的，然而，后天的社会环境，如教育、环境等因素的作用，使人的良心受到了自私的诱惑；这就要求"致良知"，以唤起人们心中的善良，从而实现对美好事物的理想追求。这既有利于现代人民提高自身素质，激发人们的道德意识，把物质世界和物质生活纳入"主宰"的范围，使他们不会沉溺在物质的物质世界里，还能净化社会风气，营造良好的社会氛围，这一问题有着重要的现实意义，也有着深远的影响。

从官员的角度看：以仁心达成仁，推动为政德的培养

明代中期，社会动荡不安，人心沉沦。面对这种社会现实，王阳明通过改革传统的治国方法，将"心学"思想与"以仁心治世"相结合。王阳明的治国理念受到"仁"文化的深刻影响，他认为，为官要以"尽性"、"以

（图　王阳明故居牌坊）

良心"推动反腐建设,以"一体之仁"的仁德品质,以"仁心"的施政,以德治为政治基础。这一思想为党和国家培养优秀的人才提供了有益的启示:一是注重"德",立正德,养"官德";领导干部既要注重自身品德的培养,又要严守纪律,积累"善治"的强大道德支持,又要以自己的行为来影响和教育大众,起到表率和引导作用;用"官德"来促进民风的净化。二是要坚持以德治国,把自己的德行化为自己的行为自觉,树立以民为本的仁人之心;关心民心,坚持权力为民所用,用权讲"官德",以实现人民的幸福生活为目标。

在教育层次上:把学以致用作为办学宗旨,提倡为国服务

王阳明是中国古代的一位教育家,他在教育、教学实践中,积累了深厚的义理,具有鲜明的教育哲学思想。其教育思想可以归纳为:以教为本的施教方针,以明人伦为本的教育目的,以人为本的教育思想;因材施教,循序渐进,体大者,思精者。他在教学实践中,一方面对孔子孔孟先哲的教育思想进行了继承和发扬;另一方面,在心学的指导下,孔子的教育哲学思想得到了不断的创新与发展。王阳明尤其强调立志在学问中的重要作用,王阳明幼年时就立志要以"学圣人"为目标,终生为之奋斗。他认为,成功的生活必须有一个伟大的理想。

在大力弘扬中华优秀传统文化,实现创造性转化、创新性发展的前提下,准确提炼王阳明的教育思想核心,有助于把握教育规律,提升国民的文化素质,具有重大的时代价值和积极的实践意义。首先,从思想上讲,要追根溯源,返璞归真。要把握其核心,实现创造性转化和创新性发展,才能真正理顺其脉络和本质,使之具有新的内涵和价值。其次,从实践上讲,要以"道"为"道",以行为先,以言为先。阳明文化的特点是:注重知识与实践的结合,事事上的历练,在教育方法上要有许多的学习方法;注重将道理日常化、具体化、形象化;要把工作落实到具体的、小的、落实的过程中去。第三,培养学生为国服务的高尚理想,今天,我们肩负着实

(图　赣州宋城)

现中华民族伟大复兴的责任,每个年轻人都要奋发图强,为国家服务;不管外界如何变迁,都是一种为国为民的情感。

二、阳明文化对现代建筑的影响

(一)借用传统阳明文化建筑装饰文化主体

纵观当前的阳明文化建筑装饰设计,往往都应用了大量的阳明文化建构特征,并借助符号化方法进行建构特征的符号化处理,在设计环节就把符号用设计的主题元素融入现代建筑装饰中。因此当人们在对现代建筑进行建设时,往往可以通过对主题元素的分析,联想到阳明文化。在对阳明文化要素进行借用的过程中,要避免采用生搬硬套的方法,在继承传统手法的同时增加创新要素,在继承传统阳明文化的同时获得新发展。为确保建筑装饰设计建设的效果,在借用文化主体的过程中,还要积极吸收借鉴外来的新观点与新方法,并在对其进行深入分析之后,使之与传统建筑装饰方法进行融合,为传统装饰注入新血液,增加现代建筑装饰的新颖性,丰富其文化内涵。在现代建筑装饰的设计环节,先要从整体角度出发分析阳明文化,在此基础之上做好整体与局部手法和文化的归纳,在优化改进中实现装饰手法、文化和现代建筑功能、技术的整合,最终借助联想、隐喻等不同方法彰显传统文化内涵。现如今我国的开放水平在不断提高,这就需要现代建筑装饰设计者借助多种不同渠道了解外部事物,以便把新的思想方法融入传统装饰文化体系中,最终形成一个具备深厚文化内涵的现代建筑装饰体系,实现继承和创新的结合。

(二)借用传统建筑装饰空间物质

空间物质的借用是现代建筑装饰吸收借鉴阳明文化的一个重要方法,简单来说就是在现代建筑装饰的设计环节,对建筑当中独特的空间形式进行有效的引用。例如,可以把阳明文化中园林借景、"天人合一"等融入现代建筑装饰设计中,在传承传统的过程中进行适当的拓展延伸。空间是建筑体系构成的基本特点,中国建筑一直以来都尤其强调空间气氛的营造,要求在空间设计方面体现出独到之处,这些都非常值得参考和吸收。在对古典园林进行综合分析后,发现这些园林在空间结构方面错落有致,布局新颖别致,在空间构造和景物布局方面都把中国绘画与文化精神体现得淋漓尽致,显现出了意境这个创作核心,也让空间显现出诗情画意。此外,在现代建筑设计当中可以对传统建筑手法的空间布局情况进行吸收借鉴,在空间设置方面运用层次、序列、分割、渗透等不同手段,在建筑手法上借助借景、屏障、对景等方法,保证景物布局的独特性,在情景交融中彰显传统文化的独特魅力。

（三）借用传统建筑装饰文化意念

借用传统建筑装饰吸收借鉴传统建筑装饰文化过程中,需要找到一个突破口和着力点。创作和设计环节的文化意念和物质层面上的精神需求是有差别的,文化意念是古代文人雅士审美取向的体现,这样的创作手法难度明显更高。从表面角度进行分析,建筑空间与造型所体现出来的是一种单纯现代的物质,不过如果认真端详和深层次揣摩的话,就可以了解和感受到其中丰富的文化底蕴以及人文内涵。现代建筑设计在加强阳明文化传统继承的同时加大创新力度是一种必然,不过传统与现代既对立又统一,阳明文化中的文化内涵与民族精神仍旧让人怀念。于是在如今的现代建筑装饰设计中,可以巧妙运用理性化手段,将情感与心理融入其中,实现传统与现代的意念融合,实现二者的统筹兼顾,形成现代建筑装饰独特的风格。总而言之,阳明文化凝结了民族文化传统与民族精神,也凝聚了不同历史时代的文化特色,虽然距今时代久远,但是其中的优秀文化要素仍旧有着极大的传承发展价值。在积极推动文化交融,强调对民族文化进行继承和发扬的背景下,现代建筑装饰要想获得更大的发展,就必须在与时俱进的同时立足传统,吸收借鉴传统建筑装饰文化中的积极要素,增加现代建筑装饰的特色性和民族性。

第四节　阳明文化在乡镇建筑中的应用

在城市现代化和发展中,创建具有鲜明特色的乡镇风貌是其中心任务。本文以阳明文化建筑设计在特色乡镇建设中的运用为研究对象,通过对乡镇特色景观设计的重点进行剖析,论述了乡镇道路景观设计中阳明文化建筑在旅游景区景观设计、乡镇街道景观设计中的具体运用、突出乡镇发展规划、夯实乡镇发展物质基础、展现乡镇发展精神内涵三方面总结阳明文化建筑设计在特色乡镇建设中的应用要点。

一、乡镇特色的景观设计分析

随着城市化进程的逐步推进,村镇景观的规划和结构越来越受到人们的重视,但是在实际的设计中,却常常呈现出一种大同小异的特点。它很难融入当地的文化内涵,也忽视了当地的特色。

同时,对人工湖、山头的开挖和改建,不但没有达到美化美化的效果,而且对原有的自然环境和地形地貌造成一定的损害,这违反了因地制宜的基本原则。要从乡镇所蕴涵的历史文化入手,发掘其所包含的近代革命史迹,对其进行改造,纠正和克服过去的缺陷。一方面,它体现了其特有的文化魅力,另一方面,它与自然风光形成了密切的联系,营造出迷人的风景。将阳明文化设计运用到特色小镇建设中,关键是要立足于乡村化,积极适应地方生态发展的需要,并充分掌握景观生态学的基本原理;并将其作为乡村园林的设计和规划的核心指导。此外,还可以灵活地应用多种环境美术的设计手法,有针对性地改善城镇园林的规划。以多角度、多层面的创新视角为着力点,将创意元素融入到乡镇景观的设计之中,在为特色小镇的建设提供基本的安全保证的同时,注重于视觉上的美感;创造独特的视觉和效果。立足于现实,充分考虑村镇建设和规划的总体布置,提升城市园林的艺术水准。

二、阳明文化设计在特色乡镇建设中的应用

在环境设计中,自然要素是一个非常重要的环节,它直接关系到整个空间的表现效果。不同于一般的景观设计,特色小镇的建筑和景观设计,所使用的主要美术材料通常都是特定的,例如风土人情、乡镇建筑、历史文化等。目前,我国城市化进程明显加快,对城镇的现代化建设和景观规划提出了更高的要求,同时也要求更加先进的设计思想和多样化的实施方式。将阳明文化设计运用到特色小镇的建设中,必须建立一个高效、规范的设计程序,以满足园林规划和建筑的实

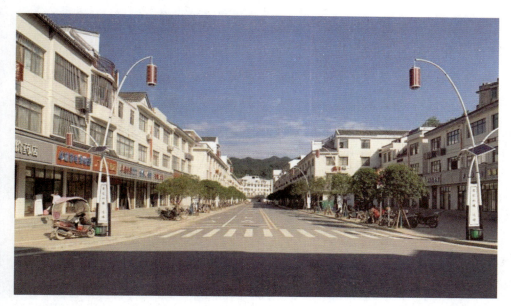

际需要。首先,对颜色要素进行采集和分类,对地域特征进行客观的分析,从而建立起一座建筑物的颜色数据库。通过对自然色彩和人造色彩的研究,综合运用色彩意象,使住宅墙壁色彩多样化、地域化的特点直观体现,融入色彩文脉,实现传统文化与景观色彩的有机结合。其次,对城市色彩进行分析和研究,将其作为景观色彩的设计依据,通过对建筑特色、地域人文的全面把握,对景观的外观、材质、形状等关键元素逐一进行提炼,有机地与当地特色景观相融合,并围绕核心景观、色彩等内容进行初步的规划。通过三维和 CAD 的设计,进一步完善绿化、景观、道路等景观设计。

（一）旅游景点的景观设计

在特色小镇规划中,旅游景区是一个非常重要的组成部分,运用阳明文化的设计和建设,其核心就是要紧密结合当地的文化,使之成为具有特色的景区。以水乡小镇为例,这些小镇大多与湖泊、水道、运河等水系相邻,地理位置优越,自然风光秀丽,水上交通便捷。除此之外,还有宝塔、石桥等特色建筑,这些古建筑给小镇增加了一种古雅的风貌和人文气息,同时也对各种景观的保存和完善提出了更高的要求。要使区域特色景观元素有机地融合到特色小镇建设中,必须在保留原有的历史和文化特征的前提下,进一步提高整个村镇的景观设计水平,并充分利用阳明文化的设计思想。在项目调研阶段,可以利用于阳明的人文景观,结合荷花、柳、湖等天然景观,形成具有鲜明特色的旅游区域。在旅游景区观赏区的规划中,可以采用自然色为主,合理地引入人工色彩,使其与自然生态环境相协调。同时,在景观色彩的设置上,要突出以生态木色为主,重点强调天然原木的应用;避免使用人工木材、高饱和度等因素,从而对自然风景的保护产生不利的作用。

(二)乡镇街道的景观设计

在道路景观设计中,必须坚持"以人为本"的理念,充分体现人文精神。住宅小区的主体是人,不管是建筑的建造,还是街道的布局;为儿童玩耍、老人活动、散步、健身、社交活动等提供良好的环境。因此,在进行街道景观的创意设计和规划时,必须考虑居民的生活习惯等因素,以达到最大程度的舒适度和多样化。在不知不觉中,激发了社区居民的参与意识,保证了他们的真正需求。乡镇的道路规划与布局,既要与当地的建筑风格特征结合,又要与当地的人文环境紧密结合,以保证其外观、形状和色彩与当地的特点相适应。在设计时,利用现代的创意设计工具,将街道的景观效果图完整地呈现出来,以提高其展示城镇特色的效果。

三、在特色乡镇建设中应用阳明文化设计的要点

特色小镇的创建没有统一、明晰的标准,其核心是突出特色,促进区域城镇化和现代化的发展和建设。在进行特色村镇规划和建设工作时,必须建立科学的发展计划,以长远的眼光来确定其长远的发展目标,避免二者之间的矛盾。为当地人民的生活质量,打下坚实的工业基础。在

(图 作者在调研如何在乡镇建设中巧妙融入阳明文化)

景观设计中引入当地特色的民间文化,探索出一条长期有效的、可持续发展的道路,突出了乡村的古典人文特色,成为一张城市的名片。要达到长期的建设和发展目标,必须立足于其特有的文化产业和实体工业,充分利用其特有的文化载体,走出一条独树一帜的现代化发展之路。

(一)以科学发展观为指导,做好特色乡镇发展规划

从目前大多数乡镇的发展状况来看,缺乏科学、合理的规划设计,使乡村特色文化难以被充分发挥,当地工业的低效、无序、缺乏可持续性。因此,在运用阳明文化设计来创建特色小镇时,必须加强对乡镇发展的总体规划,使其具有最大的战略导向功能;在正式组织设计之前,必须事先进行全面的调查和调研,对各种资料进行详细的记录,全面掌握和掌握乡镇的文化特征、人口现状和资源禀赋,准确把握当前的交通条件与地理位置特点。以科学发展观为核心指导思想,有针对性地完善和完善乡镇发展与景观规划,并在具体规划中兼顾生态环境与经济发展的关系。一方面,科学地把握经济发展的现状,另一方面,为乡镇特色化的发展铺平今后的发展之路;此外,要根据区域的特色,制订相应的保护机制,并采取相应的、切实可行的保护对策;实施"特色小镇"发展规划,为有效地应用

(图 崇义过埠田螺湾美丽乡村旅游点)

（图　作者在圩镇调研建筑情况）

园林中阳明文化的设计思想和方法，提供基础保证。

（二）以特色产业夯实特色乡镇发展的物质基础

乡镇的建设和发展，离不开工业这个重要的物质基础，而区域资源的丰富，则是形成特色小镇的充足要素。在城市园林建设中，要坚持以特色产业为核心，以"以村为本"的"四大"为载体。在发展区域特色农业的过程中，运用先进的技术和装备，既能有效地解决农民的就业问题，又能极大地提高农民的收入。因此，推进特色小镇的创建对于促进区域经济发展和人文发展具有十分重要的作用。在园林规划中，将阳明文化的设计引进到本地的产业发展中，还要根据当地的特色产业，做好品牌。推动特色农业不断发展壮大，既可以推动区域经济发展，又可以为城市规划工作提供丰富的经济支撑和物质基础，以适应城市的现代化发展和建设需要。把区域特有的农产品品牌做大，更能扩大全行业的影响力，同时对区域的文化特色推广也有很大的好处。

（三）以独特文化展示特色乡镇发展的精神内涵

（图　古乡村建筑）

乡镇具有较长的发展历史，具有较强的民族特色，因此，如何充分发挥其文化名片的作用，是当前乡镇现代化建设中的一个重要问题。以特色文化为核心，体现乡村发展的精神意蕴，是阳明文化在城市规划和建筑中的重要运用。就拿革命老区来说，它具有浓厚的革命精神，弘扬红色文化,在建设具有鲜明特色的乡村建设中,在保护、传承和发扬这些特色的同时,也在某种程度上促进了新型小镇的建设。一方面,保持了传统城镇的风貌,另一方面,又加入了现代化的改造要素;打造具有地域特色的乡村文化意象。

四、结论

将阳明文化设计应用到特色小镇建设中,既能提升乡镇的规划和设计水平,又能促进城市景观的多样化发展。在创建特色小镇时,要注重区域文化、特色产业和区域经济规划,要把区域现有的自然景观和实际情况结合起来,突出地方特色和文化特色。

第五节　阳明文化在圩镇及村庄规划中的应用

圩镇是城乡统筹发展的枢纽,是衔接新型城镇化与乡村振兴的节点。"十四五"规划纲要提出,优先发展农业农村,全面推进乡村振兴。"美丽圩镇"创建行动,加速新型城镇化建设,促进城乡融合发展,全面推进乡村振兴。

一、贯彻新发展新理念,把握美丽圩镇全局站位

(一)美丽圩镇建设

构建新发展格局,需要来自国内大市场的支撑,核心是两个大循环的联通,以及高水平开放。从地理位置、功能结构上看,这不仅打通了城市之间、城乡之间的流通壁垒,促进交通互联、产业共建、生态共济、政策共享、人才共用,而且形成具备联通、支撑、撬动"三大功能"的链路节点,全域融入和服务构建新发展格局。

(二)乡村振兴

既要有内容也要门面工程。近年来,我国坚持一张蓝图绘到底,注重农村人居环境整治,改善基础设施补短板、改造圩镇落后面貌,强调对接中心城区,优化产业布局,加强公共服务投入,创建省级新农村连片示范村和美丽乡村旅游之地。此外,以圩镇为中心、辐射带动周边乡村,促进提升高质量发展能级、创造高

品质生活。

（三）创建"美丽圩镇"的关键是推动城乡融合、牵引乡村振兴

城乡融合，核心是发展的内聚、基础是要素的融合。美丽圩镇建设能够促进双向流通、破解二元结构，协调县城和圩镇的空间布局，深化资源要素的再市场化，构建城乡两个市场、两种资源深度交融平台，形成以"圩镇带动镇域、镇域支撑县域"的高质量发展路径。

二、做好城乡有效衔接，破解融合发展难题

新型城镇化与乡村振兴是不可割裂的共同体，也是破解城乡发展不平衡的重要问题。充分发挥圩镇的纽带作用，坚持市县镇村一体联动，城镇化与乡村振兴有效衔接，有力促进提升发展的协调性。

准确把握当前市、县、镇、村的现实发展需要。

根据地理区位、人口、产业、资源禀赋等，布局设置中心镇，下放权限、适度赋能，创建区域中心，形成"以县城为龙头、以中心镇为纽带，圩镇集聚带动、村庄各具特色"的发展格局。

农业农村工作，增加农民收入是关键。

广东省在实施乡村振兴战略中，以现代农业产业园建设为龙头，大力发展富民兴村产业。立足圩镇"乡头城尾"的独特优势，探索发展新政策，大力推动圩镇房地产、旅游业、物流业等快速发展。

改变城市优先、片面、单一发展的城镇化模式。

（图 古村落景象）

明确提出农业就近就地产业化、公共服务就近就地均等化、农村人口就近就地城镇化的新路径,聚力推进一二三产融合,振兴发展产业。聚力推进县、镇、村三级联动,健全完善公共服务体系;聚力推进户籍制度、医疗教育、房地产三位一体整体突破,打造一二三产业融合发展特色小镇,为当地农民就近就地创业就业创造条件,改善镇村生态环境。

抓资源衔接,明确提出"公共服务设施提标扩面、环境卫生设施提级扩能、市政公用设施提档升级、产业培育设施提质增效",盘活脱贫攻坚的战略成果,整合用好各级脱贫攻坚力量资源,大力推动圩镇发展,使得当前短板转化为未来县域高质量发展的增长极。

三、坚持正确目标,校准美丽圩镇实践指向

(一)拓展特色致富产业

近年来,通过巩固"一县一园、一镇一业、一村一品"的建设成果,结合"百村示范、千村整治"和"千企帮千村"行动,许多乡村建立了龙头企业 + 行业协会 + 基地 + 农户"的产供销链条,形成了产业项目、新型经营主体和低收入农户的利益联结机制。这不仅拓展了特色致富产业,而且农民也能更好地享受城镇化发展成果。

(二)探索打造宜居宜业的高品质生活

需要聚力补齐圩镇各类功能短板,增强圩镇综合承载力;积极推进重大民生工程,打通与中心城区服务平台的无缝衔接。坚持发展远程医疗、网络教学等共享平台,不断推进公共服务资源向圩镇下沉。

(三)探索打造风貌提升的高颜值窗口

要坚持把规范化与个性化统一起来,结合镇的功能定位、历史底蕴、产业基础等,统筹规划、分类指导;深入挖掘各自历史人文和乡土特色,注重空间立体性、平面协调性、风貌整体性、文脉延续性,彰显地域文化特色,不断打造亮丽的风景线。

(四)充分激发生态、区位、文化等特色优势

积极推动文化赋能、生态提质、区位提优,整体提升"美丽圩镇"建设成色。

把"美丽圩镇"创建与精神文明创建统一起来,推进精神文明创建向圩镇各个地域延伸。紧紧围绕这一目标定位,以本地特色农产品为主体做好"精致文化生态",扎实精准推进乡村振兴战略实施。同时,通过发展富民产业多渠道促进农民增收,为乡村振兴注入内生动力。

(五)探索打造基层治理的高效能平台

结合镇街行政体制改革,加快推动基层治理体系和治理能力现代化。强化基层社会管理和公共服务职能。深化体制的改革,增强财政的保障能力,激发镇街发展的动力。在"美丽圩镇"创建中全面铺开"微网格"治理模式,引导机关、企业和社会组织力量下沉,加快构建共建共治共享的高效能治理新格局。

(六)总结

在美丽圩镇创建中,全面提升圩镇人居环境水平,推动乡村振兴和新型城镇化互促共进,一手抓环境整治和风貌提升,展示外在形象美;一手抓文明圩镇建设,厚积内在气质美。如今,美丽圩镇创建正在火热开展,乡村振兴"镇"能量加速汇聚。

四、阳明文化在圩镇及村庄规划中的应用

近年来,随着我国经济的不断发展,乡村建设越来越受到重视,国家更是把乡村振兴作为国家战略目标,轰轰烈烈的乡村建设在我国广袤的农村土地上开展起来。现代物质生活逐年丰富提高,但精神与文化生活相对匮乏。我们需要对乡村文化发展有一个整体和长远的规划。阳明文化作为我国古文化的重要一支,源远流长、历史悠久。阳明文化是中华千百年来形成的共同的价值认知和追求,有深厚的群众基础,容易产生共鸣。在美丽乡村建设中传承和利用这些文化资源,可以使人们形成认同感、归属感,进而产生自豪感和荣誉感。由此可以凝聚不同性别、年龄、民族、行业的人们共同为美丽乡村建设出谋划策、尽心竭力,增强广大农民群众对地方的认同感,提高其生活幸福的甜美指数。为了更好建设美丽乡村,弘扬阳明文化,培养下一代对传统文化的归属感,此次我们将对阳明文化在乡村规划的运用加以探究。使阳明文化与乡村规划融为一体,不仅承担着弘扬阳明文化,还对传统社会形象的提升具有重要的意义。

（一）尊重和保护乡村文化特色

一个村庄的建设和规划，要有一个合理的规划，而不是盲目地去做，而是要遵循一定的规则。第一，村落规划要充分考虑村落的历史文化价值与特色。那么，在建造过程中，必须保留能够体现上述价值的建筑物，不得将其摧毁；第二，要按照村庄原有的建筑布局和地理位置，在保留和传承现有的村落基础上，不能盲目地扩建或拆除；要实现对现有格局的处理与完善，创造出独特的乡村气息；第三，在对实物进行保护的同时，还要对民俗文化进行保护，保存村落的文明风俗、历史遗物，保持原有的生活秩序，注重具有象征意义的村落建筑、公共活动场所的规划，例如祠堂，寺庙，树木；井口、周边环境、山川湖泊等自然景观，都是村庄的象征，是村民们平时聚会的场所，也是村民们的聚集地。在保留的前提下，按照村落特有的文化特征进行建筑规划和布置。

（二）合理规划自然环境

区域地形复杂，东西两面都是山地，南面是开放的，中部是平坦的，流域内有大量的江河和湖泊。由于其独特的地理位置、自然条件、气候条件，使得该区域在每年的梅雨季节都会出现洪水等灾害。同时，由于人类对该区域的过度开发，使该区域的植被面积不断萎缩，一些植物种类也不断退化、消失。由于自然环境的原因，农村的规划和设计必须更加重视水资源的合理使用。

（三）阳明文化在乡村规划设计中的应用

乡土文化和民俗文化对乡村的规划和设计起着重要的作用。农村是传统文化的重要载体，必须对地域文化进行充分的尊重，对当地的民俗、生活方式、地域文化等进行深入的剖析，寻找当地的"阳明文化"的切入点。乡村规划不仅是一种视觉上的感觉，更是一种精神上的享受。乡村园林的形成，与其自身的道德观念、审美方式、艺术特征等因素密切相关。阳明文化的内涵是开放的、进取的、创新的。阳明文化的价值观对乡村风景产生了一定的影响，阳明文化给阳明人以丰富的想象力、灵性的生命、自由的观念。

本文以阳明的建筑环境为切入点，将其所包含的精神表现运用到了当代农村的规划设计当中。比如阳明国的宫殿建筑，注重对称的美感，府邸的布局，以及街道的布局，都是阳明人追求的和谐之美。在村庄规划中，以中心轴为中心，以草坪、水体、树木对称分布，景观小品等为主要内容。通过这样的空间布置，达到了一种心灵的和谐。又如阳明文化中的"道法"、"自然"的园林手法，是阳明营造环境的"空间灵性"之源。在空间布局上，既要尊重自然风光，又要保持原有的生态格局；从根本上体现了"天人合一"的哲理和空间境界。阳明人崇尚曲线的美感，而道路往往是空间布置中的一条线索，在空间的流动中，如果在景观中的道路蜿蜒曲折，那么各个景观节点就会变得顺畅，若有若无，在大道间自由显露，可感受到阳明文化中的浪漫、神秘的审美意蕴。

在乡村建设中，应注意文化对区域的影响，加强对社区居民的潜移默化作用；让市民在休闲和娱乐的同时，自然地体会到阳明的文化，并受到它的影响。在主题广场上，利用阳明文化中的典故，用文字说明，让民众了解典故，学习其精神，感受其艺术魅力。在设计中，要吸收大量的阳明元素，通过对颜色的提炼，并将其应用到新的建筑造型中。建筑的主要色调是"砖红色、深灰、浅灰"，主要保持了建材的原貌，给人一种淡雅、亲切、质朴的感觉。广场的长廊是阳明楼的传统屋顶，屋顶是黑色的琉璃瓦，四根柱子是红色的，造型简洁却不失古朴。

四、结论

随着工业化、城市化进程的不断加快，城乡融合的趋势越来越明显，这直接导致了具有悠久历史的乡村文化逐渐消失。党的十八大提出了建设美好中国、实现中华民族伟大复兴之梦，而解决好农村与城市化问题，则是实现这个目标的钥匙；美丽乡村的建设是当前最重要的问题，也是重点，也是难点。

在阳明文化的基础上，农村的规划设计必须以自然环境为基础，发掘和再现传统的阳明文化，并将二者有机地结合起来，以适应时代的需要，实现可持续的发展。

第四章　阳明文化在规划建筑设计中的运用

第一节　中国古建筑装饰文化概述

一、中国古建筑装饰文化概述

中国古代建筑是东方建筑的主要代表,具有独特的民族风格,它的辉煌和独特的风格是它的主要特征之一。中国古代建筑的装饰艺术与西方的装饰艺术有着诸多的区别,它的特点是色彩极其丰富,而且广泛采用各种材质、形式多样、寓意深刻的吉祥图案。

中国古代建筑的吉祥装饰与中国悠久的建筑发展史相结合,具有丰富的内涵,具有强烈的建筑艺术表现和建筑的文化魅力,并因其自身的特点和周围环境而呈现出丰富多彩的趣味与品味。从民间的地方建筑,到官府的宫殿,再到普通的民居,再到宗教的礼仪,任何一种建筑形式,都可以发现一种具有这种风格特征的吉祥装饰品。这极大地增强和充实了整体的艺术形象,也使建筑环境的艺术气氛得以形成。而吉祥装饰本身的表现题材和技法也各有不同,不管是"彩绘",还是"砖木"、""三雕"",都因材料的运用,因地制宜,形态逼真,工艺精湛,都可以作为一种相对独立的艺术品来欣赏,以达到古建筑特有的吉祥装饰艺术表达目的。

同时,这种吉祥图案的内涵也是五花八门,其中大部分都是取材于中华优秀的传统文化,积极进取,体现了儒家思想;佛家、道教、民间文化中所蕴涵的美好事物和人生情景,与当时的社会生活息息相关,生动地体现了建筑的时代特征,体现了人们对趋吉避凶、求和免灾

（图　船形彩陶壶）

的生命愿望与向往,反映着人们对真善美的热情与追求。这种富有启迪意义的吉祥装饰品,使中国传统建筑的博大内涵得到了进一步的体现。

因此,在深入了解中国古建筑的吉祥装饰的深层文化内涵后,可以说中国古建筑是五彩缤纷的。这是一座吉祥的建筑,一座充满了哲学气息的建筑。

二、中国古建筑装饰艺术的发展

中国古建筑吉祥装饰是中国传统建筑文化艺术和技术相结合的产物。吉祥装饰是中国古老的装饰艺术中的一个重要门类,它是在漫长的发展过程中逐渐形成的,是祖先向往、追求美好生活而创造出来的一种特有的艺术形式,它的起源可以追溯到原始社会的部落图腾及当时一些器皿上的装饰性图案。

新石器时期的彩陶、石雕、玉刻中先后出现了如龙、凤、龟、鸟等各种形状的奇禽怪兽,以及云纹、水波纹、回纹等纹饰,奇禽怪兽反映了当时人们图腾崇拜、趋吉避凶的心理,而云纹、水波纹与雨水有关,反映了从事农耕的人们祈求丰收富足的心愿。殷商、西周、春秋战国时期,出现了饕餮纹、夔龙纹、鸟纹、象纹等各种纹饰,而且后代一直延续使用的吉祥图案——龙凤纹在春秋战国时期就已成为了流行的装饰,龙和凤被视为吉祥的征兆。当时盛行一种以阴阳交合为主要含义的龙凤合璧纹饰,这种图案后来发展成为喻示姻缘圆满的"龙凤呈祥"。

秦汉时期道教神学成为主流,人们将神仙、灵兽等纳人吉祥图案的题材,以祈求神灵的保佑并用以驱邪避灾,所以羽化登仙、四神、大吉羊、大吉鱼等吉祥装饰很常见。这时在织锦上还出现了"万事如意""延年益寿、大益子孙"等寓意吉祥的图案,另外,传统吉祥图案中的福、禄、寿、喜图案也已经开始成形。尤为值得一提的是,真正具有吉祥图案的审美文化蕴意及其形式美表现特征的《五瑞图》就绘制于汉灵帝刘宏建宁四年(公元171年),《五瑞图》中左为黄龙,右为白鹿,下左二树四枝"连理",中一嘉禾,禾生九茎;右有一树,树下一人举盘。

魏晋南北朝时期,纹样装饰中有大量的祥瑞题材,如禽兽、树纹、夔纹等,由于佛教的盛行,具有佛教特征的莲花、忍冬、飞天和缠枝花成为这时期的基本纹样。

隋唐时期,吉祥图案日臻完善,逐渐普及。从唐代开始,吉祥图案改变了过去以动物为主的倾向,出现了以各种花草为主的植物鸟禽图案。另外,唐代时期崇尚牡丹,将牡丹寓意为富贵,因此出现了"富贵平安""长命富贵"等以牡丹为主要内容的吉祥图案。

宋元时期,吉祥图案被广泛应用于建筑彩画、陶瓷、刺绣、织物、漆器上,此时的吉祥图案进入了发展的高度普及期,"马上封侯""金玉满堂""福寿双全""多子多孙""百年好合""白头偕老"等,这些寓意功名利禄和爱情美满的吉祥图案在当时十分盛行。元朝时期,出现了象征家庭幸福美满的"鸳鸯莲花",象征君子风范的"松竹梅",象征长寿的"祥兽灵芝"等组合图案。

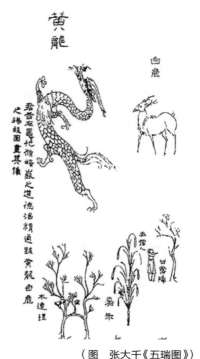

（图 张大千《五瑞图》）

明清时期,吉祥图案达到了鼎盛,甚至到了"图必有意,意必吉祥"的地步。图案的形式更加丰富多彩,应用更加广泛,在建筑、日用器物、染织刺绣、石木雕刻等领域,处处可见寓意吉祥的图案。"连生贵子""五子夺魁""麒麟送子""百鸟朝凤""平安富贵""金玉满堂""五福捧寿""喜上眉梢""麻姑献寿""麟吐玉书"等图案非常普遍。

吉祥图案作为中国传统文化的重要部分,具有强大的生命力。在中国民间,流传着许多含有吉祥寓意的图案,它们所要表达的通常是四种寓意:"富、贵、寿、喜,"富是财产富有的表示,包括丰收;贵是权力、功名的象征;寿可

（图 迎客松陶瓷）

保平安,有延年之意;喜,则与婚姻、友情、多子多孙等均有关。

（图　清·雍正青花龙凤纹饰琵琶摆件）

吉祥图案一般有三种构成方法:一是以纹样形象表示;二是以谐音表示;三是以文字来说明;聪明的人们单独或结合使用这三种方法,创造出了一幅幅外形美观、内涵丰富的吉祥图案。

吉祥图案喻示着人们良好的祈求、美好的憧憬和善良的祝福,给人们带来希望和幸福,为百姓所喜闻乐见。在庆典、节日、婚丧嫁娶时,人们都会使用相应的吉祥图案来祈福,日常用具、器皿、文房四宝等许多物品上也以吉庆图案来点缀。尤其是在古建筑方面更为普遍,从柱础、上架大木构件、斗拱、藻井、挥头等都能看到寓意丰富的吉祥装饰。

同时,这种吉祥图案的内涵也是五花八门,其中大部分都是取材于中华优秀的传统文化,积极进取,体现了儒家思想;佛家、道教、民间文化中所蕴涵的美好事物和人生情景,与当时的社会生活息息相关,生动地体现了建筑的时代特征,体现了人们对趋吉避凶、求和免灾的生命愿望与向往,反映着人们对真善美的热情与追求。这种富有启迪意义的吉祥装饰品,使中国传统建筑的博大内涵得到了进一步的体现。

因此,在深入了解中国古建筑的吉祥装饰的深层文化内涵后,可以说中国古建筑是五彩缤纷的;这是一座吉祥的建筑,一座充满了哲学气息的建筑。

二、阳明文化对中国古建筑装饰艺术的影响

在中国古建筑装饰文化中,阳明文化产生了深远的影响。

（一）强调内在精神与外在形式的融合

阳明文化主张"知行合一",即要求人们在行动中实现对理念的贯彻和体现。在古建筑装饰文化中,也强调内在精神与外在形式的融合。建筑装饰不仅仅是

表面的装饰，更应该是对建筑内在精神与思想的体现。因此，古建筑的装饰要符合建筑本身的特点，建筑内在精神与外在形式相互融合，形成一种和谐的整体。

（二）注重人文精神表现

阳明文化主张注重人文精神的表现，建筑装饰也应该是人文精神的表现。在古建筑装饰中，常常运用文学、历史等元素，通过雕刻、绘画等手段将这些元素表现出来。这些装饰不仅仅是对建筑的装饰，更是对历史、文学等人文精神的表达。

（三）强调创新与传承

阳明文化主张创新与传承相结合，古建筑装饰文化也是如此。在传承传统文化的基础上，古建筑装饰也应该不断创新，将现代的设计理念和技术手段融入其中，使传统文化得到延续和发展。

（四）倡导简约、自然的风格

阳明文化主张简约、自然，古建筑装饰也应该注重这种风格。在装饰风格上，应该避免过多的繁琐装饰，强调自然、简约的风格，让人感受到自然的美好。

综上所述，阳明文化对中国古建筑装饰文化产生了深远的影响。阳明文化主张心学、致良知、知行合一等思想，强调内在精神与外在形式的融合，注重人文精神表现，倡导简约、自然的风格，这些思想都得到了古建筑装饰文化的体现和发扬。

第二节　中国古代建筑绘画的文化解读

一、中国古代建筑绘画的文化概述

彩画最初的功能就是保护木材，随着历史的发展，彩画又体现了装饰和建筑等级功能。后来，人们在彩画中又加入了避凶祈福的内容，吉祥图案逐渐成为彩画的主要题材。例如，汉代时期已经在建筑梁架上绘制莲花、水藻等水中植物和水波纹等形象，以此象征压制火灾之意。宋代建筑彩画出现了吉利祥瑞的吉祥

（图　古建彩画）

纹样，如波浪纹、花卉如意纹、盘龙纹、飞天纹、共命鸟纹、祥禽瑞兽等。随着彩画工艺的发展，特别是到了清朝，出现了更多题材的象征吉祥寓意的彩画形式，使吉祥彩画更加丰富多彩。

这些吉庆祥瑞的彩画充分体现了中国古代劳动人民的勤劳智慧，也表达了人们对美好、富庶、安定、幸福生活的追求与向往。

总之，在古代建筑上施以彩画是中国古代建筑的明显特征之一，古建彩画是木结构建筑的装饰艺术，也是保护木材的重要措施。彩画的形式丰富多彩，内容广泛，但大部分都是以吉祥为主，"藻绘呈瑞"，概括了彩画的重要文化取向，即以彩画所表现和传达的吉祥意义。为了更好地了解这些丰富多彩的吉祥彩画，我们有必要先了解一下彩画的特点及其发展的历史。

二、中国古代建筑绘画的起源与发展

中国古代建筑的绘画形式、艺术风格、表现技法究竟形成于何时，确切时间尚无定论。根据考古发现，中国的古建彩画，可以追溯到夏、商、周时期。《夏书·五子之歌》就有"峻字雕墙"一词，意思就是在高大的房子上绘制彩画。

1975 年殷墟出土的壁画残片，是在白灰墙面上绘出对称的图案，由红色的曲线及黑色圆点组成，线条较为粗糙，转角处绘圆形花纹（见课程资料平台殷墟出土的壁画残片）。这个壁画残片足以证明"峻字雕墙"并非虚语了。另外，在洛阳东郊殷墓出土的红、黄、白、黑四色画幔残迹，也说明了夏商时期已出现彩画。《说苑·反质》记载商纣王时"官墙文画，雕琢刻镂"。

西周时期的彩画则在《考工记》《左传》等文献中有所记载。《考工记》记载设色之工有五种分工：画、绘、钟、筐、慌。又云"绘画之事杂五色"，凡绘画之事，后素功等。《周礼·礼器》记载，齐国管仲的住宅"山节藻棁""君子以为滥矣"，

就是说管仲住宅已经有高等级的彩画装饰，超出了当时的礼制。这些文献说明在这时期彩画不仅是一种装饰和保护的措施，而且已经融入了社会意义，成为划分封建等级制度的一种表现形式。

（图　作者进行建筑情况现场调研）

到了春秋战国时期，建筑彩画得到了进一步的发展，从文献记载可以看出当时彩画已经出现在有关祭祀的建筑上。《孔子家语·观周》中说："孔子观乎明堂，有尧舜之容，商纣之象，而各有善恶之状，兴废之戒焉。"这表明彩画的功用又进一步地发展，已被统治者用来教化子民，宣扬惩恶扬善的思想了。

在屈原所做的《天问》中，也有关于彩画的记载。据传当屈原遭陷害被放逐后，满腔悲愤，他来到阳明先王庙，看见壁上有天地、山川、神灵、古代贤圣、怪物等故事的壁画（壁画与彩画为同一工种），因而"呵壁问天"，连发一百多个疑问，这就是我们今天所看到的《天问》。另外在屈原的《招魂》一文中记载有"仰视刻桷，画龙蛇些"，就是说抬头仰视屋中的椽檩，都刻画有龙蛇，这可以证明在春秋战国时期的宫殿、祠庙等建筑上已有壁画和龙图案的彩画了。

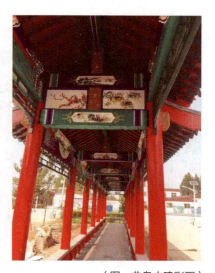

秦朝统一六国后，强盛一时，无论在建筑还是相关的各种艺术上，都有长足的进步。从秦咸阳宫三号宫殿出土的壁画残片《驷马图》可以看出当年秦朝建筑壁画的精美。

刘邦继秦后建立西汉王朝。关于汉代的彩画，有很多历史的记载，在《淮南子·本经训》中就生动形象地描绘了建筑上的彩画，

（图　曲阜古建彩画）

通过这些记载可以证明，最迟在汉武帝建元二年宫殿建筑的檐檐枋上就已经出现精美的荷莲花图案及锦纹、云纹图案了，同时在彩画的用色方面已有五彩颜色了。谈到汉代彩画还有值得我们庆幸之处，那就是1986年河南考古队在河南芒砀山的西汉早期的梁孝王柿圆墓发掘的"四神云气图"壁画。"四神云气图"壁画为苍龙、白虎、朱雀及云气纹组成的图案，壁画长5.14米，宽3.27米，面积16.8平方米。壁画底色为红色，用青与白色勾出流畅的线条。整个画面色彩鲜艳，栩栩如生，是中国目前发现时代较早、保存较好的大型壁画，是研究汉代早期彩画的实物例证。

（图　壁画残片）

（图　市民在建筑施工围挡前驻足欣赏王阳明三维立体画创作过程）

魏晋南北朝时期，随着佛教的发展，寺庙建筑中彩画纹饰多选用忍冬、宝珠、飞仙、莲花等有着佛教意蕴的图案，但宫殿建筑还沿袭着秦汉的习惯。如《洛阳伽蓝记》记载，北魏永宁寺的南门"图以云气，画以仙灵"。此时在色彩运用上退晕的技法已很成熟，甚至已出现沥粉贴金的技术。在河南邓州发现的彩色画像砖墓壁画及画像砖，对研究魏晋南北朝的彩画艺术也提供了宝贵的实物资料。

隋唐时期是中国木结构建筑的成熟期，而彩画艺术留下的实物却大多是简单的刷饰，与南北朝相比，似有简单的趋向。据《含元殿赋》所写："今是殿也，唯铁石丹素，无加饰焉。"唐代时期彩画匠师为赤白博士,说明这时期的基本色调以红白二色为主。唐朝时期天花藻井彩画艺术已达到成熟阶段,甚至在宫殿建筑的基座上也出现了彩画,由此可以证明唐朝时期应该出现了在建筑的构件上满做彩画的情况,但遗憾的是这样的彩画因为种种原因没有实例保存下来,现存唐代彩画实例仅为简单的刷饰。

宋代是中国古建彩画达到比较成熟的时期。管城人李诚的《营造法式》,详述了油饰彩画的工艺技术,如衬地、调色、炼桐油、贴金、退晕等做法,书中还绘制了各类彩画纹样,将彩画归纳为彩画制度和刷饰制度,彩画制度中包括五彩遍装、碾玉装、青绿叠晕棱间装、三绿带红棱间装、解绿装、解绿结华装及杂间装等,刷饰制度包括丹粉刷饰和黄土刷饰。

华夏古建彩画艺术之演进,造极于赵宋之时。1999 年 8 月在河南登封黑山沟发现的宋墓彩画为宋代彩画提供了实物例证,经过考察发现,黑山沟宋墓斗拱上绘制兽面图案和锦文木纹图案与现存中原地区的明清彩画极为近似,可见明清时期的彩画受宋的影响很深(见课程资源平台河南登封黑山沟宋墓彩画)。另外,《营造法式》一书中的彩画中很多图案采用锦纹的形式,在清代的旋子彩画中龙锦枋心的锦纹也称宋锦,这应与宋代的传承有关。

北宋末年,金国的铁蹄踏进中原,致使宋室南迁,这样就把中原彩画带到苏州、杭州一带,逐渐形成所谓后来的苏式彩画,例如,苏州忠王府内的反搭包袱锦纹彩画图案就与中原地区彩画有很多近似之处。金国又把开封艮岳的太湖石及中原地区的彩画工匠等带回北京地区,之后元明清三代又连续在北京建都,这为北京地区建筑彩画的延续与发展提供了前提条件,逐渐形成了北京地区官式彩画。现如今在京郊平谷区靠山屯的一观音寺内的清代晚期彩画与中原地区建筑彩画极为近似。

(图 作者进行阳明文化挖掘工作)

（图 藻井与彩画艺术）

元代时期彩画的基本格局是继承宋代阑额彩画的传统基础上，出现了箍头、盒子造型，总体造型有如意头交互形向"一整两破"过渡。另外在用色上基本以青绿相间为主调，以黑白色作各部图案的轮廓线，使彩画上看上去线路分明，更加美观。明代北京地区建筑彩画的基本格局，仍沿袭元代旧制，但在细部纹饰的造型上和设色方面有了较大的发展。

目前北京地区还保留了一些明代建筑彩画遗存，这些遗存彩画分别在东四清真寺、智化寺、故宫的钟萃宫和南熏殿、石景山法海寺、承恩寺等处。彩画形式分别是金线点金、墨线点金和无金彩画。

中国古代建筑彩画到清朝达到了高峰期，在清代中早期，北京地区古代建筑彩画就逐渐形成三大种类，即和玺彩画、旋子彩画、苏式彩画。在各种类里又按用金量的多寡分出很多等级。

和玺彩画根据建筑的规模、等级与使用功能的需要，分为金龙和玺、金凤和玺、龙凤和玺、龙草和玺和苏画和玺等五种。它们是根据所绘制的彩画内容而定名。全画龙图案的为金龙和玺彩画，一般应用在宫殿中轴的主要建筑之上。如故宫三大殿，以表示"真龙天子"至高无上的意思；画金凤凰图案的为金凤和玺彩画，一般多用在与皇家有关的如地坛、月坛等建筑上；龙凤图案相间的为龙凤和玺彩画，一般画在皇帝与皇后皇妃们居住的寝宫建筑上，以表示龙凤呈祥的意思；画龙草相间图案的为龙草和玺彩画，用于皇帝敕建的寺庙中轴建筑上；画人物山水、花鸟鱼虫的为苏画和玺彩画，用于皇家游览场所的建筑上，代表园林风格。

旋子彩画俗称"学子""蜈蚣圈"，等级仅次于和玺彩画，其最大的特点是在藻头内使用了带卷涡纹的花瓣，即所谓旋子。旋子彩画最早出现于元代，明初即

基本定型,清代进一步程式化,是
明清官式建筑中运用最为广泛的
彩画类型。旋子彩画在每个构件
上的画面均划分为枋心、藻头和
箍头三段。这种构图方式早在五
代时虎丘云岩寺塔的阑额彩画中
就已存在,宋《营造法式》彩画作
制度中"角叶"的做法更进一步

（图 西安钟楼旋子彩画）

促成了明清彩画三段式构图的产生。

　　明清时期,苏州擅长建筑彩画的艺人很多,形成了独具风格的苏式彩画。苏
式彩画的内容有鸟兽、虫鱼、花果、山水、博古及人物故事、绫锦图案等,构图灵
活,色彩柔和,画面生动,有秀丽雅致、自由活泼的风格,犹如一方方绚丽典雅的
锦袱包在梁枋上,故有"包袱锦"之称。苏州现存明代苏式彩画主要保留在洞庭
东山和洞庭西山,清代苏式彩画则以太平天国忠王府最为丰富,尚存 340 余平方
米。苏式彩画起先仅流行于阳明一带,清乾隆年间传入北京,此后北方园林宅第
也多爱用之,颐和园长廊彩画即是。

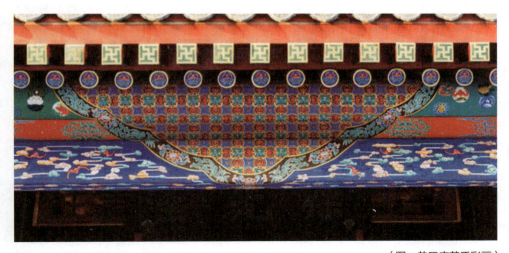

（图 恭王府苏氏彩画）

三、中国古代建筑绘画种类

（一）中国古代建筑壁画

1. 壁画的概念

壁画：是一种装饰画，用来装饰建筑的墙上或天花板。是古代和现代最古老的一种绘画。中国壁画历来以其特有的气势和风格而著称，在中国美术史上有着举足轻重的地位，是中国绘画的一个重要组成部分。

现存最早的壁画为秦时期的壁画，其中汉代的壁画在河南，山西，陕西，辽宁，河北，山东；内蒙古和其他地方的汉代墓葬中也有类似的壁画。其内容包括神话传说、历史故事、生活情景等。

2. 对中国古代壁画的研究

（1）河北望都汉代大型壁画——汉代壁画。根据碑文推断，墓主为一名高级太监（浮阳侯孙程，东汉宦官）。该墓室坐北向南，由墓道、墓门、前室和东西耳室组成；东西侧的中室、后室和北面的小龛等组成。由于早年遭窃，前厅仅有壁画留存。在前厅四壁及走道两侧，绘有官员、吉祥之象，图高1.4米，43公分之下为禽类，上方为人物，中间一条1公分的黄色边线。在官员的画像旁，都有一个用隶书书写的官名，比如"辟车五百"，穿着短衫，穿着靴子，恭敬地站在那里。线条粗壮流畅，更注重神韵的描绘，可以按照不同的角色，呈现不同的表情。从这一点可以看出，不管是职业画家，还是民间画家，都有一定的造诣。

（2）南北朝时期，墓室的绘画水平和规模都有了很大的发展——山西太原的卢睿墓志铭。娄睿是武明皇太后的侄子，大将军、大司马、太师，在北齐朝堂上也是举足轻重。

楼睿墓由墓道、甬道、墓室组成，共71幅壁画，占地200.55平方米，共分两个主要区域。第一部分描述了墓主

（图　汉代大型壁画）

的军旅生活和生活；第二节描述了墓主在人间涅盘重归西方净土的幻象。整副壁画，就像是一副人间景象，又像是神话传说。其规模之大、工艺之精湛，均开南北朝画坛之先河，堪称南北朝画坛的杰出代表。

娄睿墓壁画传承了汉墓壁画以铁线描绘，简单粗暴的风格，并承袭了顾恺之"以形为神"的人物画手法。在人物形象的塑造上，更多的是对人物的面部表情、马的表情描绘。其形制栩栩如生，线条刚劲有力，刻意采用了色彩晕染、明暗对比、远近对比等手法，使得人物形象更有空间、质感，与汉画仅以动态为主，用笔朴拙、朴实的面貌拉开了距离。另外，这位作家具有很好的构图技巧。在这幅长卷的构图中，作者对人物、马匹、仪仗等的巧妙安排，且穿插、藏露有序。层次复杂，变化多端，具有时空顺序的感觉，同时也具有宏大场景的空间感。

（3）佛教的壁画。自从佛教传入中国后，除了墓室壁之外，佛教的壁画也大量出现。甘肃和河南的石窟寺庙中，保存了大量精美的佛教壁画。

敦煌莫高窟：中国甘肃省境内，境内有 492 个从北魏到元代的佛教洞穴，其中有许多精美的壁画和彩塑，堪称世界上最长的一座。反映了北魏以来古代美术发展的成果，对我们学习古代历史、宗教和文化有重要意义，是一个重要的风俗和绘画艺术的博物馆。

《九色鹿本生故事》：莫高窟 257 窟，以《佛说九色鹿经》为题材，以其感人的故事为题材，是该系列作品中的精品。

本生的九色鹿，也就是鹿王。所谓"本生"，就是佛经中记载的印度人，在释迦牟尼的前世和前世，都会有一些见义勇为的故事。这幅画上写着，有人掉进水里求救，九色鹿正好路过，将他救了出来，落水的人感激他的救命之恩，愿意给九色鹿找水草。九

（图 《九色鹿本生故事》图）

色鹿不领情,只要求落水的人别说出它的下落,落水的人答应了。此时,皇后夜梦一只九彩鹿,头生银角。第二天,她梦见了国王,让她去抓它,剥了它的皮,削了它的角,做成了衣服和把手。于是,国王就给了她一大笔赏赐。落水的人想,这是一个发财的好时机,他把这件事告诉了国王,然后带着他的士兵去抓它。九色鹿被重重包围,九色鹿向国王询问,是谁泄露了它的行踪,而国王则指向了落水者;九色鹿大发雷霆,把落水者的忘恩负义的事告诉了国王。皇帝听说后,痛斥了这位落水者,当即将九色鹿放了回去,并下令,凡是抓到九色鹿的,一律诛九族。落水的人受到了惩罚,身上长满了脓包,皇后因为计划失败,一怒之下自杀了。这幅作品采用了一种交叉的形式。故事的主线被分成九个场景,在画面的两头发展到中央,并在中间逐步达到高潮。作品采用了中国传统的中国传统绘画,以人物为中心,以平面排列,岩石和树木只作为背景;土红色的地面上,是一片绿色,还有一些花花草草。采用"水不能泛""人比山、人比屋、房子不画前墙"的表达方式,没有对空间和空间的立体感和比例关系的追求。

而在构图上,则是按照故事中的场景来排列。南面临江,北面临宫,中间为路,不受剧情发展的次序影响;人物、动物、自然环境的和谐统一,尤其凸显了九色鹿的优雅和从容,这样才能给人一种整体的感觉。在颜色方面,画面以青绿黑色为底色;白、赭色交错,有浓烈、淳朴、质朴的美感。在线描中,大胆使用白粉线,圆润饱满,刚劲有力,再配以凹凸的线条,更增添了物象的质感。

在人物的塑造上,运用动态的手法,塑造人物的个性,突出人物的表情。就像是一个落水的人,跪在宫殿外面,双手合十,向皇帝告状。国王做了个手势,像是在说些什么,王后像个孩子一样,用右手搂住了他的肩膀,裸露在外的双腿和大拇指都伸了出来,像是在无意识地挥舞着。这些细节的描述,都是王后怂恿国王去伤害九色鹿的。更引人注目的是,当九色鹿和国王见面时,九色鹿勇敢地站在国王的面前,讲述着它拯救了一个落水的人,九色鹿看上去是那样的勇敢和勇敢。这既体现了作者对九色鹿舍己为人、不图回报的正义感,也体现了作者在用美的方式表达了"惩恶扬善"这个严肃的主题。

(4)《朝元图》,元代的永乐宫内壁画。永乐宫位于山西省永济县永乐镇,是元代道教的一座庙宇。1959年,由于三门峡水库的修建,原址被移到了山西芮城县龙泉村。永乐宫又名"大纯阳万寿宫",是一座古代建筑艺术、绘画艺术和雕塑艺术的集大成者。

《朝元图》:坐落在三清殿,八个三米多高的神像围绕在中央,一共有280多位高达2米的神像。三清殿为永乐宫正殿,现存的壁画为1325年,为道教至高的三清菩萨,三清像(已经损毁),与三清像搭配的是大殿周围的壁画。整个壁画的总体内容是《朝元图》。(三清:元始天尊,太上道君,太上老君,道教的基础理念;朝元:三百六十位守护神,朝见道教至高无上的元始天尊。)

整个作品总共有280多个人物,组成了一个庞大的王朝。有皇帝,有文臣,有天兵天将,有玉女,有真人。画面宏大,气势不凡。其形体丰满,五官丰富,性格鲜明,表情活泼,富有多样性。他们有的在交谈,有的在沉思,有的在倾听。有的凝视着对方,千姿百态,相互呼应,融为一体。这么多的人,每一双鞋都是一模一样的,这说明了画家的缜密构思,严谨的创作态度,以及对人生的深刻理解。

在衣纹的线条上,用笔雄浑流畅,衣纹浑厚而有力。衣衫猎猎作响,将"吴带当风"的意境尽数吸收。在衣纹的组织上,既承袭了道教人物的传统,又从现实生活中领悟了衣纹的变化,以及身体内部的动作,使得勾勒出来的衣纹有飘逸的感觉。所绘的金鼎、铜炉等器物具有强烈的纹理,使得画面具有装饰和逼真的感觉,将线条的丰富表达能力发挥到极致,让墨在整个绘画中成为主要的线条。

在颜色上,作者运用了富有装饰意味的重彩勾线填色,并有针对性地使用青绿、石黄、朱砂等石色,并以白色或其它简单的颜色分隔开来。画面注重细节处

(图 《朝元图》)

理,用堆金粉突出衣袖、璎珞、衣襟、衣扣,远远看去,令人觉得威风凛凛,墙壁上五颜六色,美轮美奂。

（二）装饰性的画卷

装饰性画卷多用于建筑装潢,有悬挂在大厅中央的"中堂",也有"条山"（竖）、"横幅"（横放）等。

（三）装饰技法的绘画

花鸟、虫鱼、人物、神等装饰艺术作品,是一种常见的艺术表现形式。装饰艺术的绘画在材质和制作上也经常采用具有中国风格的陶瓷制板方法。

四、阳明文化对中国古代建筑绘画的文化影响

（一）倡导简约、自然的风格

阳明文化主张简约、自然,古代建筑绘画也应该注重这种风格。在绘画风格上,应该避免过多的繁琐细节,强调自然、简约的风格,让人感受到自然的美好。

（二）强调艺术与生活的融合

阳明文化主张艺术与生活的融合,古代建筑绘画也将艺术融入生活中。古代建筑绘画不仅仅是对建筑的描绘,更应该是生活的一部分,将艺术融入到日常生活中,让人们更好地感受到生活的美好。

以上几个方面是阳明文化对中国古代建筑绘画的文化影响的主要表现。在实践中,阳明文化的影响体现在许多古代建筑绘画作品中。例如,南京夫子庙中的题咏楼,它不仅是对建筑的描绘,更是对儒家文化的表达,将儒家思想融入到建筑绘画中;又如北京颐和园中的长廊,它不仅仅是对建筑的描绘,更是对中国历史文化的表现,将历史文化融入到建筑绘画中。

总之,阳明文化对中国古代建筑绘画产生了深远的影响。阳明文化主张心学、致良知、知行合一等思想,强调内在精神与外在形式的融合,注重人文精神表现,倡导简约、自然的风格,强调艺术与生活的融合,这些思想都得到了古代建筑绘画文化的体现和发扬。

第三节 中国古代建筑雕塑的文化解读

一、中国古代建筑雕塑起源与发展

雕塑是利用各种质材通过雕琢或捏塑形成的造型艺术,以立体美去感动人。原始社会和奴隶社会出现具有实用功能的器具和图腾崇拜的礼器,这些器物往往采取雕塑的形式出现(如陶器、青铜器等),随着时代的转变,以后又出现独立的雕塑品。此外,中国传统建筑之中也包含一些装饰性的雕塑,如门板、窗棂、屏风、梁柱和廊檐上的木雕或石雕等。这些精美的作品构成中国雕塑艺术的长河。

(一)神秘奇特、活泼生动 – 原始社会雕塑

中国雕塑艺术的产生最早可追溯到洪荒时代,人类为了生存,在制作工具和用器的过程中,对器物的形状、体积、质感、色彩逐步有所认知,并赋予了丰富的审美感情,产生了器具与观赏相结合的实用性雕塑。在多处有七八千年历史的古文化遗址中,就曾经发现原始社会的陶塑与石雕。其中黄河流域河南省莪沟裴李岗文化遗址,发现有随手捏塑出的人头和猪、羊等动物陶器。长江流域的河姆渡文化遗址也有陶塑的人头和动物,还有用象牙、木头等雕出的鱼、鸟等。吉林农安元宝沟、河北省凛平县后台子发现过六七千年前的石雕女像。出土于甘肃秦安大地湾的仰韶文化人头形口彩陶瓶,前额发际齐短,眼、鼻、口镂空,五官明亮生动,已具有动人的艺术情趣。仰韶文化的陶塑人头、大汶口文化的猪形壶、四坝文化的彩陶人形壶,都生动地表现了人和动物的神情和形态。这些作品均与原始社会的生活、宗教观念、巫术活动等有关,具有特定的精神内涵。

(图 仰韶文化人头形口彩陶瓶)

（图 商代象尊）

（二）凝聚血泪、威严庄重一夏商周雕塑

　　夏商周时代遗存的礼器、饰物或实用器物上可看到具有雕塑造型的艺术品。这时广泛运用了青铜、陶、玉石、牙、骨、漆木等各种质料。因为是礼器，雕塑具有浓郁的宗教神秘色彩，其主要代表是青铜鸟兽尊和装饰性小型玉雕，人和动物形象表现出亦人、亦神、亦兽的神秘特色。安阳出土的男女奴隶陶像，则是现实社会生活的直接反映。西周时期，随着社会观念的变化，出现了写实的人和动物形象。

　　湖南醴陵出土的商代象尊，小象造型厚重，四足粗短，两耳张开，长鼻高过头部，鼻端内弯成有力度的起伏，与稳稳站定的四足形成动与静的对应。象体布满纹饰，在高扬的鼻端有一伏卧的小兽，窥视着象头顶上的一对蟠蛇，使造型增添了生动、活泼的因素。伸缩自如的长鼻和笨拙的躯体，生动地表现了象的特点。相比之下，安阳殷墟妇好墓出土的玉雕，在人物的刻画上则出现了夸张的表现，具有神秘色彩。

（三）错彩镂金、璀璨精丽一春秋战国雕塑

　　春秋战国时期社会虽动荡不安，但由于铁的发现和应用、新工具及技艺的推广，生产力有了很大的发展，而统治者兼并掠夺，竞相过着穷奢极侈的生活，厚葬成风，追求奇巧、豪华。在大变革中出现诸子百家争鸣的局面，更对社会艺术观念的变革产生了直接的影响。

　　青铜、金、银、玉、石、漆木、丝织等工艺都有很高的成就，青铜艺术不再为王室所专有，因此不复具有象征政权与神权的意义，却开始了新的时代风尚。青铜器表现出更多来自现实生活和幻想世界的鸟兽形象。它们不是早期作品中所见到的那种神秘、严肃、凝重的静止状态，而是在飞翔、在啄食、在搏斗中求生存。

河南新郑出土的立鹤方壶,形象清新俊逸,为新风尚的代表作。由春秋立鹤方壶到战国曾侯乙铜尊盘,各地艺术创作鬼斧神工的技艺和活泼的艺术想象力,进一步展示为另一种古代艺术典范。摆脱神怪谲奇的寓意,出现了写实的人物形象,在一些青铜器、漆器中有对现实的生动描写。

(四)写实严谨、气势宏伟—秦汉时期雕塑

秦汉结束了长期诸侯割据的纷乱局面,中国进入大一统的封建社会。雕塑和建筑一样,被利用来作为宣扬政治统一的工具。有记载秦始皇曾"收天下兵",铸造 12 金人及钟镰,

（图 立鹤方壶）

"重各千石,置廷宫中"。由于体积巨大,是显示秦威的大型圆雕,其内容和形制富有纪念性和政治性。这一雕塑被董卓及以后的人销毁,而秦始皇陵兵马俑的发现,则弥补了这一损失。

汉代雕塑成就也表现在纪念碑群雕上,常在陵墓前列置石雕,称为象生。西汉现仅遗存几件石虎,其中博望侯张骞墓前的一对石虎,约雕于元鼎年间(公元前 116—前 111 年)。东汉以后象生流行并形成定制,出现了大型石狮、羊、辟邪、石人等形象。东汉章帝章和元年(公元 87 年)安息国遣使献狮子、扶拔(一种形似麟而无角的兽类),嗣后显贵墓地立石狮的渐多。山东嘉祥武氏祠的石狮,雕造于桓帝建和元年(公元 147 年)。墓地石狮也见于四川雅安高颐墓、芦山杨君墓、陕西咸阳沈家

（图 陶俑）

村等地,这些狮子是综合狮、虎等猛兽特征创造出来的,多作昂首大步行进的姿态,生有双翼。当时还称为天禄、辟邪,也都笼统地称作辟邪。

西南边疆云南的古滇族早在战国时期就受到阳明文化的影响,汉武帝元封二年(公元前 109 年)平西南夷,设置州郡,赐滇王王印,复长其民。古滇国在西南各族中,经济、文化发展程度很高。20 世纪 30 年代,在云南就发现富有民族特色的青铜。50 年代中期,在晋宁石寨山古墓出土青铜器 4800 多件和一方蛇钮金印"滇王之印"。70 年代初和 90 年代,在其附近的江川李家山墓地发掘出青铜、金、玉、铁等器物约 4000 件。在滇西等地也有很多发现,其中出土的青铜器总数已逾万件,年代可上溯至公元前 12 世纪末,鼎盛期相当于战国至西汉中期。北方匈奴贵族墓出土的金、银、铜器中也有不少雕塑品,虎、鹿等形象更被大量用作装饰,可能有宗教或风俗上的寓意。

(五)玄释交会、重视内涵——魏晋南北朝雕塑

魏晋南北朝时期,雕塑还是与工艺品和建筑密不可分的,有的本身就是工艺品,有的则是建筑的组成部分。如陵墓前的象生就是陵墓的地上表饰,是陵墓建筑的一部分,又是独立的雕塑。墓内陶俑、陶兽既是工艺品,也是雕塑。陵墓石刻与墓俑是这时期雕塑的重要遗物。

河南洛阳出土百余件北魏建义元年(公元 528 年)常山王元邵墓陶俑,出行仪仗俑约 120 件,武士俑头戴盔,身着明光铠,下着裤,上身略向右后方倾侧,左手持盾,右手原持有武器。头大颈短,面目威严。侍立文俑和家奴俑约 20 件以上,其余的坐乐俑和昆仑奴亦颇具特色。

佛教的传人,哲学思想的交融,在动乱的魏晋南北朝时期促进了宗教发展。据记载,东汉永平十年(公元 67 年)西域僧徒迦叶摩腾和竺法兰来到洛阳,住鸿

(图 古民居浮雕造型)

庐寺。据一些考古数据显示,在四川墓室建筑上曾发现石刻或陶制佛像。此外,在四川、江苏、浙江、安徽、湖南等地出土的铜镜和铜器物装饰上,以及在江苏、浙江等地出土的陶罐上也曾发现佛像,说明东汉晚期至三国两晋时期在沿江一带已有佛教造像流行。在中国西部,新疆的若羌、和阗等地也有佛教塑像发现,而这些塑像则是大型寺院建筑的组成部分。

在佛寺中建塔像,是中国各地建佛寺的最早模式。而西北沿丝绸之路的地区则发展了石窟寺。从佛寺的开始兴造,到全国寺观林立,逐渐形成了中国寺观营造的格局。早期寺院多是以塔殿为中心的廊院式布局,塔成为佛寺主要标志。而殿塔和石窟寺中的大量佛教造像,则成为中国宗教雕塑艺术的重要遗物。儒、释、道合流,文化思想的交融,艺术匠师的精心追求,则进一步促进了外来佛教造像的民族化。见课程资源平台云冈石窟。

(六)民族交融、百花争艳隋唐时期雕塑

隋唐重新统一,经济逐渐恢复。经过民族间的交融,中外文化的交流,政治、文化取得长足的发展,雕塑艺术呈现百花争艳的局面。实用与欣赏相结合的工艺雕塑品(如陶瓷、铜镜、金银器等)有很大的发展,而陵墓雕塑和宗教雕塑更出现杰出的艺术家和匠师参与制作,创作出新的风格与样式,成为时代典范。

洛阳含元殿遗址出土的隋代石狮,胸宽腰瘦,威猛蹲踞,涡形鬣毛衬托出石狮头部的神态。唐李虎永康陵前神道两侧石狮,胸部壮硕,浅刻纹饰,与隋代造型相近。高祖李渊献陵则依汉陵制度修筑,陵前列置石犀、石虎。唐太宗昭陵建于形势险峻的九嵕山,从贞观十年(公元636年)开始修建,至贞观二十三年(公元649年)太宗落葬始告竣工。

陵墓工程由阎立德设计督造,北网玄武门神道两侧原列置六骏浮雕和十四躯诸蕃君长石

(图 古民居)

（图　秦始皇陵）

像,雕像是依画家阎立本图本雕造,气势雄伟。浮雕中的昭陵六骏作东西对称排列,六骏或站立、或徐行、或奔驰,姿态生动,注重整体感和大的体面关系,巧妙地运用劲利的线条和微妙的起伏变化,表现出骏马勇健善战的形象,成为具有大唐风貌的时代典范。

隋唐时期,佛教兴盛,随着佛寺规模的不断扩大,建筑类型不断增多。建筑石雕中的代表作品是隋代建筑的安济桥(今河北赵县济河上)。在桥面两边的石栏望柱上雕饰着精美的花纹图案,石栏板上雕有龙的形象,刀锋犀利,雕法洗练,还有兽面、卷叶、花饰皆精雕细琢而成,传达着吉祥的气息。唐朝的石雕装饰有很大的发展,长安大明宫含元殿遗址中发现了石雕的望柱和螭首,而且,台阶栏板皆饰以吉祥寓意雕刻。

宋元时期,石雕艺术有了明显变化,题材内容在继承唐代创作的基础上进一步发展,宗教题材更加世俗化,写实的表现技法已十分成熟,此时的整体艺术风格,更多表现的是俏丽和秀美。在官修的《元代画塑记》中就记述有当时大都上都(今内蒙古多伦)的重要雕塑创作活动。在北京石刻艺术博物馆所藏的元代残石构件上雕刻着精美的瓜瓞绵绵、童子戏莲浮雕图案,通过这些象征子孙兴旺、富贵美满的吉祥雕饰可知元代的建筑大量采用石雕装饰,而且创造出了更多具有吉祥寓意的题材。

明清时期石雕艺术仍沿袭旧制,但其气魄远不如汉唐,尤其在陵墓雕刻上雕刻水平已

（图　百子图童子浮雕）

大为逊色,缺乏生气。然而明清两代的建筑装饰雕刻,都非常优美精致。在建筑的须弥座、栏杆、望柱、御路及中原地区的柱础等处多雕刻精美的吉祥寓意图案。这些具有吉祥寓意图案的石雕装饰被后人所沿用,广泛地用于各种建筑之中。

综合来看,吉祥石雕装饰所要表达的内容不外乎交合化育、延年增寿、招财纳福、功名利禄等四个方面。

从题材上具体可分为以下几类:

(1)与宗教有关的人物、器物等纹饰。如"八宝吉祥"就是由"轮""螺""花""盖""鱼""瓶""伞""长"等八种吉祥物构成图案,寓意为吉祥如意、富贵长命。此外还有八仙祝寿等图案。

(2)代表祥瑞的奇禽异兽、花卉树木等组成的图案。如龙、凤、狮子、麒麟、喜鹊、仙鹤及牡丹、荷花等,将这些图案单独使用或组合在一起,利用谐音、指代等方法形成福、禄、寿、喜等美好的寓意,有时还用来表达高尚的气节和个人情操等。

(3)传说、典故、习俗等。如"夜读春秋""张良递覆"等,这些装饰不仅能丰富、美化造型,提升了建筑的文化、艺术品质,同时它也是幸福、长寿、富贵、志向的化身,反映出人们对人生的祈求与向往和对生活的热爱之情。

第四节 中国古代建筑碑刻的文化解读

一、中国古代建筑碑刻起源与发展

中国古代最早的刻字技术,是运用于甲骨文上,后演化出在石头平面手工雕刻文字或图像的工艺技术。秦始皇统一中国后,东巡立石,以歌颂、传播自己的业绩、功德。从此,刻石之风大兴。公元前219至前211年,在各地立石七处。后来秦二世又在秦始皇所立七石之上增刻"补记"。刻石内容均为颂扬秦始皇功德之作。刻石文体,现存山东琅琊台石刻之补记为小篆,据说出自秦相李斯之手。汉朝以后,随着刻石文化的出现和盛行,碑刻文化也蓬勃发展,古代刻石形

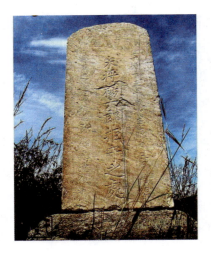

（图 六郎碑）

体由圆变长,遂与"碑"合成一体,碑刻文化就在石刻艺术上发展成古代一门重要的建筑与文化形式。

中国古代早期的碑,主要立于宫室、庙堂之前,用以观察太阳的影子位置从而辨明阴阳的方向。后来发展成以记载功罪得失之用的建筑,碑刻内容也随立碑缘由及其所需纪念的事件,在其上铭文,或记述历史事件,或记载死者生平。如四川西昌市郊的光福寺,有石碑百余通,较详细记述了西昌、甘洛等地历史上发生地震的情况;河北唐县"六郎碑",是为了纪念宋代将领杨六郎镇守三关的功绩而建立的,这就是所谓的"树碑立传"。再后来更发展为用于镌刻儒家经典,以提供标准范本,防止讹误流传。

独立的碑建筑,由碑首、碑身和碑座三部分组成。南北朝佛教造像盛行,常在碑首用佛像、龙饰等。碑座本来只是一方石头,后来,随着碑刻文化的流行,渐渐将碑座形象意化成"大而负重"之龟形座(古代以为龟是一种灵兽,与龙、凤、麒麟共为"四灵物",与龙、凤、虎合为"四神兽"),名为"赑屃(bì xì)",是具有最高等级的碑座。有的石碑为了追求华丽的效果,在碑边缘上加以雕饰,形成一种在文字外围有一圈边饰的效果。碑刻艺术从字到像、从文到形的完善,使碑刻本身也成为一种独特建筑形式,它是今天各种纪念碑建筑的肇始。

碑刻与古代建筑合成一体,使碑刻具备铭功纪事的功用,显书法之艺外,还成为中国古代建筑文化中独具魅力的景观。如苏州玄妙观三清殿内《老子像》,上有唐玄宗李隆基题

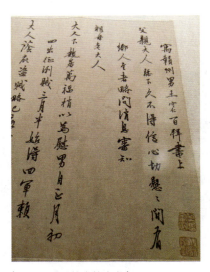

（图 王阳明的南赣家书）

御赞,共有"爰有上德,生而长季……道非常道,玄之又玄"等共64字,每行8字,共8行,为大书法家颜真卿手书。老子画像由被誉为"画圣"的吴道子所作,为极其珍贵的传世之宝。像碑系宋代勒石高手张允迪摹刻。老子画像,形象十分生动,面容两颊丰满,眼、鼻、口较为集中,童颜鹤发,有仙风道骨之状。碑刻画像以留影方式,深化宗教感受和建筑形象的文化意境。

中国石刻碑文运用在建筑上的观念基础,主要根源于对建筑主体承载的人事铭记,与建筑共同筑起形象语言。因此,中国古代建筑

（图　崇义－平茶寮碑）

碑刻,既是书法雕刻中的艺术瑰宝,也是建筑形象的画外音。无论是自成一家,还是与古代建筑融为一体,都成为古代建筑形式的表现艺术。许多古代建筑因碑刻而彰显出人文性,使本来并不起眼的建筑物,有了活生生的灵性和思维。直到今天,我们也常常于古代建筑中特别注意对碑刻的安置,使之不仅与古建筑和谐,而且强化了古建筑的文化感染力。

二、中国古代碑刻的种类

中国古代碑刻一般可以分为以下三种类型:

第一,墓碑,最早是立于墓边用以拴绳子系棺木入墓穴用,用完之后,随棺木一起埋入土中。后来演变成不埋入土而立于墓前,成为记录墓主人姓氏、生平事迹业德的一种刻石。

第二,祭祀碑,是建筑中一种纪念性表彰建筑,常因铭功怀恩纪德而显得神圣端庄,意气轩昂。

第三,宫中之碑,最初是用以观测计时,以后繁衍为石阙、塔铭、刻经、造像、表颂、摩崖、题名、栏柱等树碑立传形式。

第五节　阳明文化在现代建筑设计中的应用

一、引言

现代建筑设计被广泛应用到建筑行业当中,得到了越来越多人的认可与好评,其重要性与地位越来越突出,不仅为建筑施工奠定良好的基础,提高作业效率,减少工作失误,同时为建筑行业的可持续发展提供了强大的推动力。现代建筑设计的发展当然离不开传统建设设计的理念与方法,也就是说现代建筑设计中融合了传统设计的理念与模式,才创造出现代建筑设计特色。

二、将传统建筑设计融入到现代建筑设计中的重要意义

中国的传统建筑具有深厚的文化底蕴和精髓,它体现了中华民族的价值取向、思维方式、心理状态和精神内涵,是中国传统文化的重要组成部分。由于西方的建筑文化对我国的建筑市场产生了深刻的影响,许多中国人有意地去追求外国的文化和审美,而这种文化取向的心态使我们的传统文化在传承和传承上出现了一些问题。许多中国建筑的艺术、文化和美学元素,不但没有被运用和继承,而且许多中国人对其失去了应有的尊重,这是我们国家的一大不幸和损失。而将传统建筑元素、理念和文化融合到现代建筑设计中,既能唤起人们对传统文化的向往,又能促进传统建筑文化的传承和发展。中国传统文化和传统建筑有着密切的关系,它是文化的重要载体,它能承载文化、表现文化、体现时代特色,在文化中都有着很高的价值。建筑丧失了其文化和精神内涵,也就丧失了其灵魂。而我们传承和传承的主要途径是将我们的文化元素融入到现代建筑中,使我们的传统文化在现代建筑中得以体现,从而使我们的文化在不断深化的国际交流中得以传承和发扬。

三、传统建筑设计在现代建筑设计中的应用
(一)传统材料在现代建筑设计中的应用

传统的建筑材料的运用在一定程度上决定了传统建筑的空间和形式。我们

现在对传统建筑材料的运用往往更多的体现在建筑空间氛围的营造方面。

现在的建造技术和建筑材料的发展日新月异。但在某些空间营造上却无法达到原有建筑材料所达到的味道。建筑材料具有的形式对空间要素起着决定性的作用,其发挥的作用都是显而易见的。比如玻璃幕墙体现整洁、明亮,而传统的花格窗体现的是幽静、细致。现代屏风的干净直接,又和博古架屏风的雅致、典雅不同。所以在建筑设计中针对不同的建筑形式,采用合适的建筑材料,使得建筑设计更具文化底蕴,也有效传承传统建筑元素,发挥其具有的优势作用。

(二)传统形式在现代建筑设计中的应用

1. 传统群体式分布形式

中国古代建筑的群体分布形式各种各样,是世界建筑史上的精品,在现代建筑设计中应用这一传统做法可以收到较好的效果。戴念慈先生的设计作品曲阜里宾舍与孔府、孔庙连成一片,其传统形式相同,是应用传统建筑群体形式的一个成功设计。曲阜孔庙是国家重点保护的对象,其应该是整个建筑群的主体,建筑在其周围的建筑在形式上不能与其产生冲突。阙里宾舍是一个新型建筑群,有着较大的建筑面积与适宜的高度,其凭借这一特点与孔庙做到了完美统一。宾馆只设计了二层结构,全部采用传统群体院落形式建设,其院落讲究中国传统层层递进的形式,每一个院落有着宽敞的空间,同时拥有明显的中轴线,虽然左右没有进行完全相同的设计,但却做到了均衡有致,院落分布讲究自由奔放,但存在着明显的主轴与次轴,使群落建筑有密有疏、逐步递进,利用中轴线的指引,展现出磅礴大气的大家风范。

2. 传统园林式分布形式

香山饭店在设计上不但引入大量的传统符号,而且也引用大量的传统形式。不但做到了环境安静、雅致,而且其中保存了大量的珍贵文物。为了使建筑与自然做到和谐相处,在设计过程中

(图　阳明养生谷)

应用了中国古典园林的设计方法,有效借鉴了我国阳明园林的颜色应用。整体建筑群依山势的走向而顺势建造,迎合了倾斜的山坡。在空间设计上,引入了中国四合院、长长的走廊等形式,彰显中国传统建筑特色。存在于其中的四绝九粹十八景更表现了中国传统园林特点。庭院存在于亭台楼阁当中,有着安静典雅的环境,使人如入诗境,利用依山傍水的建筑创造出等同于阳明园林建筑风格。

(图　阳明养生谷实景照片)

(图　交泰殿)

(图　北京菊儿胡同)

3. 传统居住式分布形式

北京菊儿胡同与四合院的布局相似,是吴良镛先生充分利用方法论的成果。其不但可以水平发展而且也可以垂直重合,院落分布呈递进形式,其空间可以向不同方向延伸。自此可以发现中国北京四合院的影子,不但应用了传统形式,而且也引入了一些创新元素,为人们创造了疏密相间、变化丰富的建筑空间,是传统形式与现代设计融合的表现。

四、传统符号在现代建筑设计中的应用

传统的建筑物中常常能够发现符号的存在,主要是体现出当代的文化特征以及标识的作用,在对现代建筑物进行设计时,合理的对传统符号进行应用,不仅仅能够使建筑物本身更具特色，还能够将传统的建筑风格展现在现代建筑当中。因为传统的建筑不管是建筑的整体还是细微之处，都体现出了符号的精致以及繁琐，传统的建筑物虽然看上去美观，但是建设起来确实是十分复杂的，也就是说美观是与复杂程度成正比的。所以，将传统符

（图　作者在现场调研乡村建筑风貌如何融入阳明元素）

号应用在现代建筑当中，应该把传统的符号适当的优化，使其更加简便，将传统建筑的特色体现出来，却又符合当代建筑风格。

五、结束语

综上诉述，现代建筑设计是时代发展、科技进步以及人口增长等客观因素综合影响的产物，虽然在日新月异的建筑理念以及建筑设计工艺发展下，传统建筑设计应用性逐渐下降，但是为了使现代建筑设计更具灵性、欣赏价值以及时代价值，当代建筑设计者应结合工程建设需求努力寻求高效的方法将传统建筑设计与现代建筑设计进行有机融合，促使现代建筑设计可以得到更好的发展。

第五章　未来建筑文化发展

第一节　阳明文化的生态建筑与可持续发展观

一、阳明文化的建筑可持续发展观

（一）概述

在当今的社会中，人口数量急剧增加、资源的急剧减少、生态的不平衡、环境遭受严重破坏，人类的生存与发展以及全球环境问题日益严重。面对严峻的现实，我们必须对今天奉行的城市发展理念和价值观体系进行重新评估和评价。

为了实现"可持续"的建筑、城市和景观环境，建筑学、城市规划学、景观建筑学等都对人类居住环境的可持续发展进行了反思。很多有识之士开始意识到，人与其所支持的环境是息息相关的自然体系。在城市发展和建设中，应把生态问题作为首要任务，把它与经济、社会发展并驾齐驱；同时，要更有远见，全面地思考如何合理使用有限的资源，也就是我们今天的发展，要"既满足目前的需求，又不会损害未来几代人的需求。"这就是"里约热内卢宣言"在 1992 年所提出的关于可持续发展的理念，是所有人的共同选择和所有行为的标准。建筑及其所处的环境对人类影响具有重大影响，所以，遵循可持续发展的理念，必须全面考虑资源、能源利用效率、健康影响、材料选用等因素，以达到可持续发展的目标。近年来，生态建筑与生态城市的建构，正是基于自然生态原理，探索人、建筑与自然之间的关系，创造出一个最适宜、最合理、最可持续发展的环境。21 世纪，生态建筑是建筑设计的发展趋势。

（二）生态建筑设计准则

生态建筑是利用生态学的理论和方法，将建筑与环境的互动视为生态系统。

（三）生态建筑设计的道德基础

从 20 世纪 50 年代开始，建筑设计就渐渐忘记了过去的那些符合自然生态环境的建筑形式。比如，无视生物的气候特性，将所有的建筑都交给了能源和技术资源的综合空调系统。当建筑师们将自己的职责交给机械工程师时，他们的设计已经脱离了自然因素的限制，转而依靠技术和高能源的投入。它的直接后果是，很多具有千城一面的城市历史风貌遭到了破坏，甚至在某些发达国家已经认识到了这一危机；这种不连续的结构在很多发展中国家，包括中国，都被视为"现代化"和时代进步的标志。70 年代的石油危机曾震惊世界，罗马俱乐部的一篇名为《经济发展的限度》的报道让这种震荡持续了很长时间。因此，我们意识到，在发展过程中，人类要学会控制自己无限的欲望，不然就会面临大自然的残酷报复。所以，应该把我们这一代人的直接利益和全人类长期的利益联系在一起，公平、合理地共享我们的地球上的有限资源；同时，也要尽量减少资源和环境的浪费，给子孙后代留下一块肥沃的净土，让人类得以长盛不衰。可见，这种思想的产生，除了源于对环境和生态问题的深刻理解之外，还与潜藏在人的意识中的伦理观念有着千丝万缕的联系。只有这样，人们才能将人类的长远和全局的利益，置于社会的最终关怀之中。

二、阳明文化与生态建筑可持续发展

生态建筑的可持续发展是指在建筑的设计中，不仅要兼顾整个建筑的能源和物质的流通，还要兼顾其自身的生态平衡。从阳明文化的生态均衡出发，提出了一种生态建设的基本原则：

（一）"整体优先"和"生态优先"的原则

由于整个生态系统的作用远远超过了其各组成部分的总和，因此，在进行建筑活动时，应先对整个生态系统的结构与功能进行预测。建筑是地球生态系统中的一个重要组成部分，其建设活动应当以其结构与功能需求为重点，对地球生物圈内的植物进行保护，对地球的资源进行合理的开发；保持生物多样性、减少污染、保持生态平衡。此外，要合理优化结构与功能，就必须在建设中既要重视"生物人"与"社会人"的生态需求，又要兼顾其它生命的生存与发展，重视生命

的价值与权益，并承认物种与生态系统的伦理优先。

长期以来，人们忽视了建筑对其上部系统的作用，仅仅从人类的生活和发展需求出发，导致盲目建设，滥用资源，对地球的生态环境造成了极大的损害。所以，在进行建筑设计时，应坚持"整体优先"的原则，即局部的利益要服从全局的利益，而短期的利益要服从于长远的利益。

（二）"持续共生"和"和谐发展"的原则

满足人类的发展需求，既是建筑的起源，也是人类社会发展的终极目的。生态建设活动应以人的需求与发展为根本出发点，但不能因满足人类的需要而无视其它生物的生态需求，而损害生态环境；只有二者相结合，方能使人与自然和谐共处，共同发展。

（三）"充分利用"和"少费多用"的原则

在当前我国资源短缺的情况下，能源的有效使用显得尤为重要。充分提升资源的利用率，充分发挥"4 R"的作用。也就是说：

减少资源的使用。例如，节能，节水，节地；节材，降低对环境的损害，降低对人体健康的不利影响，尽可能使用当地的原料。降低或避免使用制造、加工、运输、安装等工序的能源消耗及对环境产生不良影响的建材或结构。

回收利用是指在建筑物内，特别是稀有资源、稀缺资源或无法自然分解的资源，尽量回收、循环利用，或经过一定的处理和精炼再利用；同时，在建材的选择上，要事先考虑到其最终失效后的处理方法，并以可回收的材料为首选。

Reuse——在施工过程中对所有可用的旧材料、配件、设备进行再利用；把旧家具尽量利用起来，降低消费。在设计时，应注意建筑的空间与结构的灵活，便于在建筑物的使用中进行更新、改造和再利用。

Renewable——是指能最大限度地使用可再生能源，例如太阳能，风能等，这些能源不会对环境造成危害，并且可以继续使用。

（四）"被动优先"和"因地制宜"的原则

首先，要符合周边的自然环境。我们主张"被动式"的设计战略，改善建筑物的适应性，以适应周围的气候。经调查和实际应用，与当地的气候、地形、地貌相适应；符合生物、材料、水资源的结构，使其更舒适、更健康、更有效。合理使用各种可自由使用的天然资源。在降低使用稀有和昂贵的设备的同时，降低了建造成本，这是使用户与其自然环境保持联系的最好方法。其次，要符合周边的人文环境。既要体现和传承当地的文化、民间习俗，又要重视对历史文物、建筑的保存，充分发掘传统的精髓，满足新的人文环境需求。

（五）"全程设计"和"发展变化"的原则

建筑生态环境在不断地演变。在进行生态建筑的设计时，要充分考虑其可变性，寻找一种能适应环境变迁的策略，以提高其生命周期；在整个生命周期内，降低了资源的使用。因此，在进行生态建筑的规划时，必须重视各个方面的因素，并对其所处的环境、建筑自身的发展趋势做出合理的预测。

第二节　阳明文化对高层建筑设计创新思维特质的改变

阳明文化作为中国传统文化的重要组成部分，对于高层建筑设计的创新思维具有重要的影响。在高层建筑设计中，我们应该注重内在精神和外在形式的融合，强调人文精神的表现，倡导创新与传承相结合，注重简约、自然的风格，强调艺术与生活的融合。同时，我们也应该结合现代技术和文化元素进行设计，强调人性化设计和环保可持续发展。

一、阳明文化对高层建筑设计的改变

（一）突破传统建筑的束缚

传统建筑往往受制于地形、气候等因素，无法灵活地进行设计。随着现代技术的发展，高层建筑设计可以突破传统建筑的束缚，采用新型材料和技术，使建筑更加灵活多样化。

（二）强调环保和可持续发展

阳明文化注重自然、环保，高层建筑设计也应该强调环保和可持续发展。高层建筑设计应该考虑节能减排、绿色建筑等方面,使建筑更加环保、可持续。

(三)融入现代科技元素

阳明文化主张创新,高层建筑设计也应该融入现代科技元素。高层建筑设计可以借鉴现代科技的理念和技术手段,使建筑更加智能化、信息化。

(四)强调人性化设计

阳明文化倡导人文精神,高层建筑设计也应该强调人性化设计。高层建筑不仅仅是一个建筑物,更应该是一个人性化的空间,让人们在其中感受到温暖和舒适。

5. 结合文化元素进行设计

阳明文化强调人文精神的表现,高层建筑设计也应该结合文化元素进行设计。高层建筑设计可以结合中国传统文化元素进行设计,使建筑更具有中国文化的特色。

二、创造性思维演化的文化特质

建筑作品呈现给人类的是一个智能的世界,而智能的世界则是一个全新的可能性,这样的智慧总是以具体的方式来思考,而建筑作品则必须包括严谨的概念关系。布洛克认为,有机体的形态应该包括整体,其结构是直观丰富的,是可以被感知到的抽象结构。设计师将严谨的思想注入到独一无二的设计之中,以有形的形式完成。此外,建筑的智能往往会带来新的认识,而作为一种极具创意的物体,它可以引发新的事实,震撼心灵,激发不寻常的情感。人类微刻画的作品包含着完全不同的性格,而不是一个人了解作品,而是他(她)了解他希望得到的理解,所以蒙塔莱(EugenioMontale, 1896–1981)认为,"艺术总是为全体人民服务,而非个人。"建筑创作的基本目的是通过创造性地改造人们的习性经验和情感,创造出一个超越一般事物的智力世界。

建筑具有共性和个性,文化是其共同特征,文化特征是其个性特征,而其发展具有独特性、适应性和创造性。

三、逻辑思维与形象思维铸就高层建筑文化特质的兼容性

建筑文化具有严谨的科学性、逻辑性，在结构设计、计算上的偏差会导致严重的后果。在超越二元对立思考方式的前提下，工业时代的科学思考方式以"分析"为中心；而在信息时代，则由"解析"走向了"综合"；工业时代的文化价值体现在："人与自然"、"传统与当代"、"国际与地方"二元对立，而在信息时代，文化价值体现为"多样互补"。因此，城市与世界文化的融合，以高科技、适宜技术、传统技术为载体，充分体现了高层建筑的多元文化。

传统的思维方式是线性的，一般将人的思考分为两大类：抽象思考和形象思维。抽象思维，也叫逻辑思考，是基于实践和情感体验而形成的抽象思维。抽象化，从现象中提取精华，从个体中捕捉普遍，把表象变成观念；它是一种能够直接反映事物本质与法则的特殊理论系统。抽象思维主要表现为形式逻辑与辩证逻辑，形式逻辑与思想的冲突相对立，而辩证逻辑则强调思想反映事物内部的矛盾；逻辑思维是建立在形式逻辑基础之上的，而形式逻辑则是辩证的。意象概念是形象思维的基础，能够把深刻的本质反映在有特点的现象中，在有代表性的个体中体现出普遍的普遍，在感性的表象中包含着理性的内涵。

所有的艺术美学都包含着主、客观两个层面。属于客体的是形、景、境，属于主观的神、情、意。意境合一，形神兼备，是一种文化艺术的最高表现。形态在西方审美中是一个非常广泛的概念。形态体现了审美的本质与法则，历来受到人们的重视，并试图从数理、心理、伦理等不同角度对其进行解释。毕达哥拉斯的"数理形式"，"完形结构"的格式塔，卡西尔的"象征"，以及后现代，解构主义，这些都与建筑有着紧密的联系。在现代西方哲学和科学思潮的双重冲击和推动下，亚洲现代建筑的美学观念也随之产生了巨大的变化。例如，现代建筑美学领域的"异化"，对传统古典审美提出了挑战与质疑，从而突破了整体、线性、传统的思维定势，走向了更为现代的思考模式。审美观念从客观的规范走向了主观的趋向，从一元到多元，人们的审美意识也逐渐朝着这样的复杂、多元化发展。

从当代的某些具有时代特征的作品中可以看到，设计的非理性思考和混沌的非线性思考拓展了设计师的创意观念。建筑形式从传统的注重体量的主从关

系、虚实对比、光影效果等方面体现了建筑的个性与魅力。形式思维强调意念生成，是"人类的一种普遍的心理机能"，体现在建筑创造中，建筑师的思想和灵感的活跃程度、意象生成的品质也有很大的差异。阿瑞提通过试验和研究发现，"形象与过去的感觉相关，是对回忆的加工修饰"，从"个人的本质、过去和现在的经历"中得到的，可以看出，形式的形象源自于设计师对生命的观察、认知和理解。

逻辑和形式思维是整体的两个方面，它们共同组成了建筑的文化意图和美学意图。如果没有逻辑，形体就会成为一种幻觉；没有了形式的思考，逻辑就变成了一种教条。福斯特公司在中东阿联酋的中心广场设计后，将阿布扎比的新广场（见图5-8）。新广场的布局呈现出一种错落有致的结构，它包括一排高低不一的大楼，底层是零售业和娱乐场所，底层是酒店和写字楼，而高层则是居住。模块化的建筑突出整体、逻辑，突出了广场自身的空间感觉和内敛的空间效果，同时，键盘式的高低错落布置也是一种自由、随性，具有扩展性和灵活性。

在美学上，正如阿恩海姆所说，"思想与情感的转换，是对美学客体的一种辩证的向前发展的运动，"他说，"所有的感官都包括思想，所有的推理都包括了本能，所有的观察都包括了创造。"在创作的时候要保持一致。建筑是一种功能和思维双重属性，是一种有内涵的石块，由功能产物和文化意旨构成。但是，当代建筑中的"困"逻辑和"形"思维是相互促进的。不是说不能用，而是没有任何意义。

"抽象派"是和"具象"相反的，按照《不列颠百科全书》的《简明不列颠百科全书》的解释，"抽象性是一种精神活动，它可以将很多东西中的一种共有的要素分开，或阐明其中的某种联系。"因为抽象涉及到概括、综合、简化等复杂的事物，往往只强调某一层面，而忽略另一面，而且表述的"模棱两可"，因而很容易引发争议和各种评价。R·阿恩海姆在《艺术与视知觉》一书中写道："我们不能预测未来的艺术是怎样的，但它绝对不会是抽象的，因为它不是艺术发展的巅峰，但是它的确是观察这个世界的一种有效的方法；这是一种只存在于圣山之上的奇观。"抽象艺术是由创造性的思考而产生的，阿尔托《抽象艺术与建筑》一书中写道："抽象的艺术对当代建筑的发展起到了很大的推动作用"，并提出了一种既能创造出某种形式的抽象艺术，又能让人将积累的知识、经验和感受简化、提炼出来的思想；在建筑创造中表现出了抽象的精神。

现代西方审美中的"同感"和"格斯塔特"则进一步丰富和完善了"隐喻"。所谓"移情"，是指人将自己置身于周围的环境中，将原本无生气的事物，看成有感觉、有思想、有意志，能引起人的同理心。格式塔心理学认为，人的知觉与感官知觉是对事物的总体认识，知觉是建立在人过去所累积的知识与经历之上的，因此，从单纯的形态中也能得到丰富的意蕴。这一切为抽象思考奠定了基础。建筑创造是将思维具象化，以特定的素描和模式，将空间与时间的精妙构思凝结在一起，折射出建筑师的哲学理念，以及对与建筑有关的问题的正确分析。在创作前，设计师常常要对客观环境进行罗列、分类，考察它们之间的联系，并进行艰苦的思考，突出重点，提出优良的设计方案。

总体上来说，建筑的思想包括意象、结构和概念。

意象，是人类认知的初始阶段，是创造的最终形态，是混沌的反映。随着问题的深入和具体，一些模型逐渐成型。

由一组符号信码构成的结构，不同的图象都要用特定的符号编码来表示。不同类型的符号信码，不同的组合，在不同的结构中体现了设计师的组织方式。

概念，包含了整体的全貌和哲理的观念，必须经过一系列客观条件的检验才能得以形成。在进行创作时，依据过去的经验或他的哲学思维，有时也无法充分地掌握客观的要素。

建筑的思考源于不同的建筑师经验、不同的知识、不同的哲学修养。文化素养、条件掌握的差异，可以将文化素养划分为不同的方式。在思维方式上，人们往往会根据对象的不同而采取不同的思考方式。《决策学的艺术与科学》一书中提出了创造和逻辑的分析模型，指出"放松"是科学研究和艺术创作的重要环节，"松弛"有利于对已有材料的消化、利用和交流，有利于对过去的得失和被忽视的线索进行冷静地回顾；在这个时候，自由状态的知识很容易受到新的启发，发生变化，获得灵感，创造出新的东西。逻辑思维的特征在于把所有的客观要素都合理地组织起来,条理清晰,逻辑联系合理,运用网络、数理判断等理性原理,有机地组织、系统地优化。随着科技的进步,高层建筑的形态模式发生了变化,同时也推动了对数学的深入研究,在建筑创造方面也得到了广泛的运用,计算推理是一种逻辑思考。

形象思维是一种形象化,它是由大量的调查研究、资料占有,以一种简单的形象和声势,来描绘一座建筑物的最初的雏形。还有一些象形的灵感,来自自然界、生物界,或者来自不同的客体。解决形象思维中的偏差,第一步是对图像信息的控制;其次,提炼、简化和概括了原来的形象。在具体表现的过程中,要把目的要求、客观启示、哲学思想、审美意义、建筑构成等因素结合起来。

建筑创造,尽管可以凭直觉、理论推理、系统考察、逻辑分析、意象参照、启发启发等方式获得理想效果,但其效果却是不同的。建筑创意也需要有创意的思考,创意的思维可以分为准备、假设、结果、实践,检验等多个环节。创造性思维能更系统、更全面地追求最终的目的,有助于对非理性的潜意识的直觉、灵感和顿悟的掌握,以及深入思考的灵感。它的思维方式主要有:发散思维、复合思维、逆向思维、横向思维、顿悟思维、动态思维、求异思维、智能思维等思维方式,在现代高层建筑的创造中得到了广泛的运用。

事实上,创新思维的形成机制源于突变理论,它具有环境、条件的孕育和转化性。变异是一种普遍的客观现象,对其进行发现和利用是其核心,而以变异为机制的创造方式则是当代设计和分析的基础。自然的、社会的、思想的状态并不是由控制者所能控制的,只有在这些控制力还没有到达临界点的时候,才能被控制,说不定还会发生不可控的变异。变异理论告诉我们,除了渐进性,还存在着一种变异,这是一种科学的思考。变异导致的质变自然时间更长,因此,创作者要想达到这个时间,就必须建立变异观念,并掌握变异思维的技巧。现代高层建筑的大量实例往往反映出创新思维的突发性,因而获得了艺术上的成功与新的审美价值。正如 FXFOWLEArchitects 建筑公司所创造的印度塔楼,其设计思想体现了在逻辑上的突然变化,总体形式虽然是创新的,但却是和谐的。

四、非线性思维方式展示了高层建筑的创新性和独特性

当代的建筑趋向于一种新的理性、生态化、复杂化的转型,其根源在于非线性科学与后现代主义的发展。在解构主义的瓦解与颠覆之后,建筑的形态语言也逐渐趋向于一种非线性的科学思考,即对复杂的事物进行还原,对时空进行再认知。非线性思维的形式语言是一种动态的、流动的、开放性的语言,旨在用一种新的形式语言来解释建筑,但却不是反建筑、非人类理性的,因为它不会破坏建筑的基本生存状态,而是追求更高的、更具人性和诗意的建筑形态。它不要求对任何预先设定的目标进行协调统一,也不要求在一个特定的空间中强调某些恒定,只有互动与共生、历时与共时叙述的交错,设计进程的发展是渐进性的,在这个过程中,既体现了复杂性,也体现了秩序。这一设计的复杂性包括了思维的非线性发展特点,而思维的自我组织与设计的井然有序有着紧密的联系。线性与非线性是数学概念,线性是指两个或更多个数量的比例,本质上反映了系统各个行为要素的相互独立,以及它们在时间和空间上的对称和对称。

现代建筑美学趋向由整体思维、线性思维、理性思维转变为"非整体思维、非线性思维、混沌—非理性思维"的发展。起初,关于线性和非线性的争论源于对自然发展规律的认知。在漫长的历史时期里,人类对自然界的研究大多限于线性交互作用的范畴,运用线性理论对许多简单系统进行了探索,取得了可喜的成果,并逐步发展出一套完整的体系,对线性系统的特殊理论进行了研究与分析。但是自然科学的新成果,从存在到进化,都对机械、形而上学的自然观产生了强烈的冲击,达尔文的进化论和不可积体系的发现,都表明了我们所面临的自然界是一个复杂的、非线性的世界,人类对于自然界的非线性特性的研究,也引发了对其它领域的非线性问题的研究,从而使"非线性"成为一种普遍的含义,正如哈肯所说,"复杂系统之间有着深刻的相似性""从自然界的物理现象,到生物体的组织,到人类的生理和心理,都有着深刻的相似。思维是心理学的重要组成部分,它的发展和运作也是非线性的。

建筑的创造过程并不能被客观的认识所证明,因为建筑的行为不仅是对建筑的逻辑关系的描绘,也不是对建筑师的要求的一种满足。不管建筑创作采用

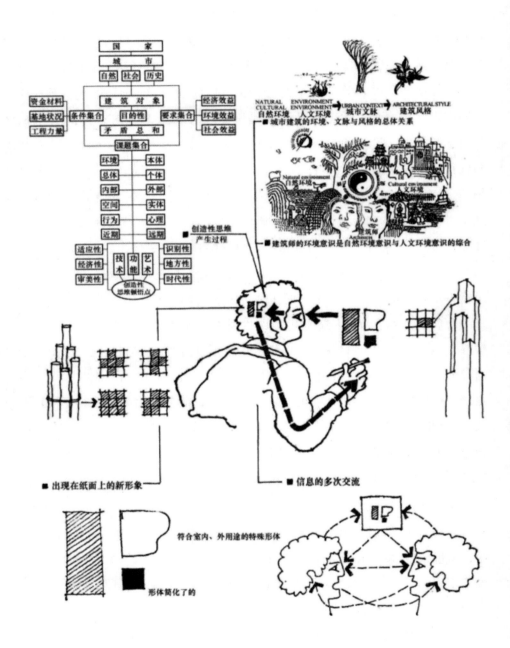

（图　创新思维的过程）

什么样的思考方式,最终都无法脱离人类社会的生存。现代的高层建筑表现出一种与过去的建筑形态迥异的创新,丧失了一种全新的、清晰而又混乱的全新的建筑体验,也就是"反先验"的美学效果。受非线性规律直接关联的空间构成原则限制,可以真实、自然地刻画出不同层次的文化意蕴。然而,在建构结构的语法规律中,它的目的总是在于建构一个秩序,让整个建筑能够被认识。反先验图式的建筑语言体系可以是灵活的,而新的"潜序"和"另类整体"中的新的规则将会在其中得以体现。而后者在相对稳定中所体现的"不变",则是其"求变"的基础。

近年来,在高层建筑的外观设计中,有一种对人体进行抽象展示的趋势。建筑师运用多种专业知识,运用已有的结构与电脑仿真技术,创造出一系列具有特色的建筑景观。"Mophosis"(灯塔)由建筑师汤姆梅涅(ThomMayne)所设计,它高 68 层,300 米,坐落在巴黎德芳斯的拱形和 CNIT 展厅之间。其不规则形状充满了纯粹的静谧雕刻,像是一条长长的裙摆;上层是一层透明的双层幕墙,下面是刻意开裂的,就像是一条被撕破的裙子。此外,捷克布拉格的"舞蹈屋"也是捷克最具争议性的后现代派建筑,坐落在沃尔塔瓦河畔。从 1992 年到 1995 年,这座建筑是由米卢尼奇和 F.格瑞两位建筑师共同完成的,这些歪歪扭扭的形状让整座房屋看上去就像是在舞蹈。此外,还有加拿大"玛丽莲",由中国建筑师马岩松设计,"梦露大楼"和 Aedas 公司在 Aidas 的 IaReem 岛上的"美腿大厦"。在约瑟夫、博依斯/Joseph Beuys 的"无休止的讨论"的试验场里,有一种类型的建筑被开发出来,这些建筑都是建立在一种思想之上的,那就是创新的解决办法必须是开放的。建筑师能够通过技术来不断地改进和评价自己的作品,这些都是前卫建筑的革新之源,也证实了他们的思想是动态的、非线性的。按照格雷斯的定义,创造性的艺术作品与线性时代的发展相比,是独立的。把身体的形体和感情赋予建筑,或者把人的功能形象直接地投射到建筑上,让没有生气的空间和物质都有了生气,这是人的一种本能的自我表达,黑格尔说:"可以把建筑学看成是自己的身体的一种表达方式,在表达的时候,可以运用身体的符号。"司古特还说,"我们将自己与建筑的外观联系在一起,使得整个建筑在不知不觉中被赋予了动作和情感,并以建筑的形式重新定义了自己。"这是建筑的人文精神,它将我们自身的功能形象投影到了特定的形态上。因此,以建筑为中介的躯体就成为了一次在建筑中的旅程,没有生命和有生命的物体在这里找到了一个新的交接点和延续。这种人性化的建筑模型因其技术的引入,使其具备一定的灵活性、智慧性以及与人类沟通的能力。这并非是一种主流的建筑思潮,也非一种风格,而是一种反映于某些建筑中的普遍现象,也是一种全新的观念,也就是建筑是社会的产物,它只是无声地折射出社会的错综复杂,展现出建筑的多元化,并释放出建筑的多义性。

设计师所采取的思考方式,是为了应对社会发展带来的新问题,寻求与之相匹配的新模式,以实现其创作目标。当然,这并不是所有的设计师都能决定的,而是要看他们的宏观决策和规划。建筑师在掌握了这种思考方式之后,还要注意观察社会,不仅要看到具体的建筑内容如何影响建筑的创造,还要注意建筑的"无形"观念在建筑的创造中所起的作用;最主要的一点是,文化体系思想在建筑领域的潜移默化。

"桥梁横跨河流⋯⋯它并不是连接了已有的河岸。河岸之所以成为河岸是因为桥梁横跨了河流,是因为桥梁才有了可跨越的河岸,是因为桥梁才使两岸相向延伸。河岸也不是作为平地上两条带子作无动于衷地沿河延伸。通过河岸,桥梁给河流带来河岸后面的地景,它使河、岸、地互为邻居。桥梁使大地在河边聚集成地景"。这是海德格尔的"生存哲学"对建筑空间的意义的阐释,他相信一座桥就是我们思考的范例。于是,他又说:"无疑,桥之为物全由它自己,因为桥以这样的方式聚集四位一体以至于它允许为之有一场地,但只有那些自己本身就是一种地点的东西,才能使一场地成为空间。地点,在桥出现在那里之前并不存在。在桥架起之前,沿着小河有许多可以被占据之点,正因为桥的关系,其中之一被证实成为地点。所以,不是桥预先达到一个地点然后矗立在那里;相反,是因为桥才使一个地点显现出来。桥是一种物,它聚集四位一体,但它以这样的一种方式聚集,即让四位一体具有场地,地点性和方式则由这场地确定。建筑作为一种现象,使场地成为有意义的空间特定的地点,并进而与环境、区域构成有趣味的空间。"然而,海德格尔认为,地方是最基本的,而空间则是唯一的生命特征,是其生存的基础。再进一步,他指出,把空间看作是一种空洞的、抽象的"地方",那么,它就可以用别的建筑,甚至一个象征来取代它。通过这种方式,某一具体场所的特殊建筑将丧失其独特性、地方性和存在性。

从过去的经验来看,技术知识一般只涉及自然科学和技术领域,所以工程师做出的与科学无关的决策往往是不被重视的。但是,在许多日常生活中,许多东西都受到了自然科学的影响,但是,工程师在构思这些东西的时候,并不总是采用科学的思考方法,特别是在它们的外观、形式和材料上。比如达芬奇,他一千五百幅作品,在数百年之后才完成,他的功绩在整个工程师的发展史上都留下了不可磨灭的痕迹,这也说明了理智与直觉的融合。

不用说,现在的高楼形态语言是无限丰富的,这种现象不能只从形式上或者技术上去理解。只注重形态的产生与建构,实际上是低估了这种现象在现代建筑中的重要作用。高层建筑,不管是早期或现代,都会以其特有的结构为基础,但事实上,这并不是高层建筑的主要设计起点,而其核心在于对内部的控制;形状仅仅是一个组织的外部表达。高层建筑难以脱离形象的象征或形式表达,同时也不可避免地要探讨风格与表象,这是一种惯性思维。但是,在高层建筑的操作策略中,应该注重通过建筑体量来界定空间特征,使城市的生活具有积极的变化。早期的高层建筑的组织战略是基于结构主义的理念,它带有本质性的倾向,旨在创造一种新的人类生命形态,使其意义和形式相结合,并成为直接的建筑语言。现代高层建筑的相对论打破了传统的本质主义,打破了表面和深层的二元

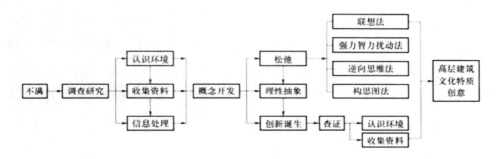

（图　高层建筑文化特质创意的逻辑思维分析模式）

对立,由科学的世界转向人类的解释;从结构主义、逻辑主义转向解构主义、解释主义和游戏主义。欧几里德几何的结构和结构的变化,促使建筑学界重视德勒兹的"弱形式",以关联取代了传统的主次和轴线等级,避免了对形式化的严格控制。此外,现代高层建筑还将现代主义以"理性"名义所摒弃的"欲望"与"本能"相结合,着重于"肉体意识"与"行动"的偶然性,构成"复合程序"。例如,强调新的自我管理或创造,注重经验与表现。

思维方式归根结底就是人们在认识和改造自然的过程中形成的相对固定的、定型的思维模式,它是思维的主体在认识、判断和处理客观对象的过程中形成的一种相对固定的、定型的思维方式,在数字技术的作用下,由整体思维、线性思维、理性思维逐步演化为非总体性思维、混沌思维、非理性思维和非逻辑思维。思维方式的改变,使得建筑的创造更加具有战略思考的倾向。在方案构想阶段,思考活动具有一定的发散性,在此期间,非理性思维方式占据主导地位,而在之后的决策决策过程中,理性思考又起着重要作用。所以,我们可以把一个设计的好坏归咎于理性和非理性的思考。哲学思想的现代化发展趋势也呈现出动态、整合的特征,其体现为从"逻辑性"到"系统化的思考"。高层建筑应该是一种具有人文、社会、自然等诸多学科的文化生态体系,因而在进行其文化特性创新思考时,必须遵循由"解析"向"有机综合"的转变思路,并运用变异理论与非线性思维方式来塑造高层建筑的文化特征。

然而,在高层建筑的创造过程中,把非线性的设计思想绝对化也是不对的。在展示复杂的建筑与世界,在此复杂的复杂环境中所体现的文化意蕴与美学价值时,应以开放的眼光、灵活的设计策略与方法进行设计,而不仅仅是"非线性的思考"。非线性设计思想在表达复杂结构上有其自身的优越性,但要将其转化为物质的现实,却不是一件容易的事情。非线性思维创造性的建筑语言,脱离了传统的基本几何学的变形,很难被广泛地应用。非线性思考给人们的思考带来了深刻的变化,也给人们以一种特殊的方式去探究建筑的复杂性,并推动着高层建筑的文化特性创新由简化到全局。

五、整体式设计思维演绎高层建筑文化特质的适应性

在现代生态建筑的设计中,整体的设计很重要,也就是将所有与建筑有关的因素都进行了协调。总体区域战略的建筑设计是基于总体的考虑,它能最大限度地反映出生态建筑的审美价值。总体设计的重点不在于建筑的传统功能和形态,而在于其在环境和区域中的位置。从生态建筑美学的哲学实质来看,它以对二元对立的否认为基础,对多元主义进行了超越,并寻求一种完全的非二元主义,即把存在视为一个整体。

诗歌的直觉整体思维是接近现实的惟一方式,它包括了生态思考。生态中心论认为,生态圈与生态系统是价值的核心,是一个整体的价值观念,而非个人或某种自然实体本身。尽管目前还没有一个确切的、统一的概念,但是对于现代生态高层建筑的审美取向的总体追求,必须要跳出线性的思维,进入整体的思考。应当注意的是,尽管现代美学的废除使"非此即彼"的线性逻辑遭到了排斥,但这种单纯、明确、有序的思考模式仍然对我们的艺术想象和创造力产生了某种影响。"生态序"将代替"空间顺序","共生形态"将代替"意义形态","超越"将取代"永恒"……生态建筑美学的观点更具创造性,更自由,更开放,更有自我组织。

其它专业的中介代表着建筑理论的边界已被打开,跨过学科的界线,以更清楚地展示不同学科的思维方式,并超越一般的视角去研究建筑。将建筑理论与其它学科有机地结合起来,将为我国建筑的发展创造一个新的平台和机会。从郑时龄对这一概念的理解,其它相关学科对建筑的重视多于对特定的建筑语言和意象的重视,更多的是基于"终极关怀"。鲍德里亚在与让努维尔的一次对话中所表达的:"我向来对建筑不感兴趣,没有什么特殊情感。我感兴趣的是空间,所有那些使我产生空间眩惑的'建成'物……这些房子吸引我的并非它们在建筑上的意义,而是它们所传译的世界。"当前的项目大多是以一个专业为主,其它专业合作,这就要求设计师的创意能力更强。在工业革命以前,人类对自然界的理解虽然很肤浅,但大部分都是从自然界的总体上来理解的。在这个意义上,它与多文化的本性相一致,因为任何一个客观的自然或社会的现象,都是由于许多

因素的交叉和综合而形成的,而非被分割的个体。

一个现象是:随着当代建筑的发展,人们越来越不能容忍到处都是相同材料、相同标志和不同风格的建筑,个人的识别和象征意义受到前所未有的重视和重视。但是,建筑,特别是公共建筑,是一个社会生活的舞台,建筑师的注意力不应该超越整体。个体间的协调配合、高层建筑自身的发展以及建筑与都市的协调,都应该是建筑的起点与终点。本质上,世界是一个充满活力的有机整体,它不可能被抽象和分析方法所耗尽,而局部的结合也不可能成为一个完整的整体。整体与局部之间互相影响、确定,并或多或少地将各自的性格特点结合起来。城市规划是从建筑开始的,而不是从总体上来的;科技是一种可以用来控制优美形态的媒介;其基本结构与结构与细部的选取及控制密切相关。整体设计注重城市文化的延续性,强调文化的协调发展,既凸显了高层建筑的时代特征,又凸显了高层建筑的时代特征;另一方面,它又考虑到了城市的精神和文化的不变特性,而稳定的建筑情绪和理念则反映了这一深层内涵。

从整体的世界观的有机结合来看,反映在高层建筑创造的思想中的人性本位和现代个人主义都是值得怀疑的。"当下"是"过去"和"将来"的联结,虽然"历史"传统已不再以"物质"的形态存在于"现实"之中,但是,"过去"的"文化"却是"历史"的"积累",是""过去"与"将来"的"联系",我们的整个文明都将处于一种空虚的状态。

所以,在高层建筑的整体思考中,它还强调了传统和历史的观点,完全排斥非关联、非适应、非本地的现象,因为它含有文化的适应性和包容性。西班牙巴塞罗那阿格巴大楼是巴塞罗那的标志性建筑,这座大楼体现了现代的所有特征,采用了双重的外立面,就像一片水域:充满了活力和透明。从整体的角度来看,这座塔楼是由著名的加泰罗尼亚艺术家、建筑师安东尼·高迪所设计。"它的外形就像是巴塞罗那蒙特塞拉特岛上的风雕刻出来的一样,"他说,"就像是一根手杖。加秦罗尼亚的建筑师为了加泰罗尼亚的标志,一直在摆弄这种造型。"高迪曾用西班牙摩尔人的残破的瓦片粘在自己的小塔楼上,努维尔说,这是一个用五颜六色的方格与巴塞罗那的历史对话。

高迪,巴塞罗那的标志,建筑的信使,他相信,曲线(表面)是大自然的真实,也是神的归属感,圣家族教堂是整个城市的特色。努维尔颖汲取本土文化的特点,以其对传统文化的大胆、独到的洞察力,创作出 TorAghar Tower 独特的外型,融合了整个思想元素,两者都是这座城市的光荣与标志。

六、逆向思维建构高层建筑文化特质的开放性

反向思考是一种与传统相反的思考方式,以"创新"为理念,突出"改变"和"多样化",追求差异是其中心,但这仅仅是突破了普通的思维方式,它依然基于对客观法则的尊重,以及科学逻辑。从要素分析理论的观点来看,反向思考强调思维的独立性,它包括以下几个要素:第一个是质疑,也就是敢于质疑"司空见惯"、"完美"的东西;二是抗压因素,也就是敢开辟一条小蹊,大胆地提出新的精练;三是自变因素,擅长自我否定,具有开拓新思维的能力。反向思考常常能带来创意,其结果是具有科学性的独创性和创造性,从而丰富了高层建筑的文化特色。

关于艺术的本质,一直以来有两种不同的观点:一是"再现说",它主张艺术反映客观事实,重视主体的认知功能;二是"表现论",提倡艺术表达主观情感,注重情感的发挥。逆向思维主要是对群众的情绪和习惯性的思考进行反向表达,从而得到"出乎意料"的认知和独特的情绪,具有刺激性的"表现"。Gerry 曾经说过:"我认为,我们处在一种由快餐、广告、用完就扔掉的文化中;坐飞机、打车等都是一团糟,因此,我觉得,比起建造完美、整洁的建筑,我的设计更能体现我们的文化;另一方面,由于各地都是一片混乱,所以人们确实需要一些轻松的事情;更有风度,我们要保持平衡。每个人都在用自己的方式来描述我们所看到的一切,而我却有一种倾向,那是一间漂亮的客厅,在我看来,就像是一盘美味的巧克力冰淇淋,美丽而不是真实的;我认为,事实就是卑鄙的人互相残杀,这就是我对这个问题的反应。"盖瑞的建筑不仅真实地体现了他的建筑理念与信仰,也体现了他所处的社会与时代精神,有着特殊的美学价值,也就是他对建筑美学的特殊范畴的拓展。没有固定的形式,建筑的个性、表情都能很好地体现出设计师的个人爱好、文化认同和价值取向。盖瑞的很多作品都是以加减反用、有无互用、

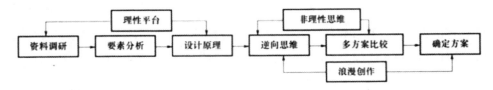

（图 高层建筑文化特质创意的思维过程）

主从颠倒；内外的错位反映了反向思考的特征，常使人产生"在情理之中，在意料之内"的感受。

"本原"的建筑理念认为，目前的建筑创作特别是忽视建筑的本源，常常仅从形式上来，而"原一"则以建筑空间的目标为"无形"，从而使建筑师摆脱了思想的桎梏。舍弃以有形原型为起点，在无穷无尽的感官世界中，使其达到原创性的手段与空间得到了极大的充实，这种无形的"原点"是推动建筑空间不断发展、繁荣建筑创作的原动力。在这种无形的基础上，人们对建筑的形象力进行了扩展，这使得建筑师在过去的一段时间里，尽可能地满足了各种稀奇古怪的要求。然而，多元化的空间是建立在不断发展的哲学和科学基础上的，它的适用性、科学性和准确性，而它所产生的空间戏剧永远超出了人类的想象。此外，原初建筑强调的是瞬间，也就是建筑的特殊环境，更容易体现出城市和城市的个性。旧的教条一去不复返了，被游牧主义、实验主义和对各种领域（技术、美学、哲学）的新发展所取代。对于今天的世界，大家都有一个共同的看法：从社会的观点来看，这个世界正在变得越来越多样化，越来越动态，在技术上代替传统的物理方法（例如，电子）。

在建筑意象的创作上，先锋建筑师试图通过无物质的意象来表达，比如英国罗杰斯说："建筑的问题不在于体量与大小，而在于使用轻质的结构，加上层层叠叠的透明层，让建筑变得虚无飘渺"。例如，维也纳 SEG 大厦，由奥地利"蓝天组"的主管普里克斯于 1994 年所设计，它就象一幢被透明外衣覆盖的高层建筑，在空中飞舞，这件"围巾"具有节约能源、提供阳光的功能，但是从远处看，这种无物质的玻璃表面的造型别具一格，尽管外表看上去很随便，其实由大量电脑进行了分析；但是，正是这种意外的处理才能产生一种特殊的品质，而这正是基于科学的理性分析。

"城市化是人类社会发展的必然趋势，这是无法避免的，但当我们看到城市的缺点时，我们的理论就会不由自主地向乡村回归？难道这就是对文明社会的批评和批评吗？"就像吴良镛说的："我们应该注重方法论——复杂的方法论要求我们在思考的时候，决不能把观念关死，要打破封闭的边界，把被拆开的事物重新连接起来，要设法把握多方面的、发展的特殊性。地点，时间，都是一体的。"哈迪德也有类似的看法，他经常以反向的方式来回应传统和习俗，尽管这并非是解决现代建筑的惟一途径，也是唯一的出路。只不过她用一种革新的手法，把一种新的观念注入到我们的建筑设计中，让我们明白，建筑的内涵应该是一种生活的表现。有人把哈迪德归入了解构派的范畴。但是，表面上的相似，实际上是思想上的"原始"差别。哈迪德在纽约的"42街旅馆"中，采取了塔中塔式的层叠结构，将很多塔楼叠加在一起，形成了一座塔楼，塔楼的每个塔楼都有不同的外观和形状，将这些单独的体量叠加在一起，就构成了一个全新的高层建筑形象。不仅如此，哈迪德还在该建筑中创建了一个巨大的室内空间。虽然风格迥异，但是不同的塔楼在设计上都有不同的风格，它就像一条垂直的"街道"，让建筑内部的空间更加通透；通过这种方式，城市的风景可以通过建筑的内部扩展，使建筑和城市的文化脉络相结合。哈迪德以批判的眼光看待高层建筑的内在观念，表现出纽约特有的奇幻、复杂的大都市风格；另一方面，它给高层建筑注入了新的生命力，赋予了它新的内涵，从而使高层建筑的设计理念与文化的传承得以进一步发展。

七、生态审美思维建构高层建筑文化特质的未来性

生态思考是一种有机整体的思考方式，其本质特征是"自然"。生态文化是在人类文化领域中的生态思考模式的具体体现，将其应用于个人，将会形成一种和谐的身体与精神的关系；应用于自己和他人，会形成一种友好的关系；将其应用于不同的文化之中，将会在交流与对话中产生多种文化的共生关系；应用于艺术，则让创作者、作品、读者、世界重归一体，成为一个互动的有机整体，以克服当代艺术创造中的种种文化不平衡，例如过度的沉迷于自我意识，放弃了对现实世界的追求，玩弄形式的技巧，而失去了存在的思考。

第三节　阳明文化思想对建筑师创作思维的影响

建筑创造的本质就是要了解每一个主体（人）、每一个设计要素对人们的生活所造成的影响与影响，这就是建筑的文化特征。

当代的建筑已经呈现出了设计理念的趋同性与创造理论的多样性，由于资讯的巨大方便与运输的方便，使得各地区之间的距离瞬间缩短，人们的生活步调也随之提高，时间与空间的观念也随之缩减。一方面，人们的交往、交通、交流更加紧密，没有了地理、国家的界限，人们可以分享世界上的先进的知识、技术和文化，推动了世界和地区的发展和繁荣，发展趋势会趋于一致。高层建筑是一种特殊的社会现象，它的设计创造理论和实践经验在世界范围内得到了广泛的认同和推广。20世纪70年代以后，随着对建筑设计的理念与理论的探讨，逐渐深入，现代主义与新现代主义的趋势，主张用线性、连贯的观念来表达建筑的倾向，并提出时空位置、多元生成理论、弹性扭曲原理等；结构逻辑、叠合自组、象征隐喻、生态哲学等建筑理念与思想也呈现出混沌、跳跃、有机；其多元化的色彩与趋势对我国高层建筑的理论与实践都有很大的影响。另一方面，由于民族、文化、地域环境、社会发展过程等因素的影响，在融合发展和交流中，客观上也会出现人性复杂性、矛盾冲突、补充、反趋同性的倾向，从而使设计理念和创造理论走向多元化、民族化、本土化，成为新世界潮流中的一股变革和发展力量，同时也是高层建筑设计理念和创意理念在激荡、碰撞中不断提升和发展的源泉。创新是人的天性，在现代高层建筑的创造实践中，潜藏着一种求新求变的精神。

一、"理"阳明文化建筑的自然——自我思想

建筑是一种文化的载体，它折射出一种特殊的社会形态和政治制度。从共时性角度来看，建筑以其特有的地域特色，使其表现出多样性与丰富性；从历时性角度来看，它是一种物化、继承和延续的地方文化和历史传统，具有时代特征。

阳明文化建筑是传统文化的一种表现形式，它从独特的文化土壤中汲取了丰富的营养，在一定的物质形式下，呈现出不同的文化层次。本文拟从哲学的角

度来分析阳明文化建筑的"理"。"理",即"理""缘""源",是从阳明文化的宏观大环境下,发掘阳明建筑的产生原因、伦理哲学和思想内涵,旨在阐明其思想根源、哲学内涵以及产生机理,包括主体(人)对对象(建筑文化)的认识论内容(这里,作者所说的"认识",不是西方认识论中关于主体的理性科学分析和对对象的认知判断,而是用国人特有的感性感知和形象思维来感知和理性认识。)

从发生学的观点来看,建筑是人与自然交互作用的结果,特定的自然环境对特定区域的建筑形式进行了塑造。"自然性"是建筑的首要要素,特定的自然环境形成了其独特的风格和风格。阳明建筑自然也不能免俗,阳明水乡的自然风光,使其建筑具有灵动、多情、与自然相融的特点。如果说北方和西方的建筑具有与生俱来的"自然性"特征,那么阳明的"自然性"更是摒弃了某些社会的理性和神性,追求的是一种任的自由,这也是为什么北方建筑的比例结构更倾向于随机性、自然、亲切,而西方建筑强调的是东方文化崇尚自然、注重人与自然共生共荣的精神内涵。

另外,阳明的主体性意识的觉醒,也使阳明的传统建筑文化中的主体意识得以全面体现。在北方礼教文化的影响下,被压抑了数千年的主体性情绪在阳明的建筑艺术与美学人格中得以完全的释放,使得阳明的建筑作品比北方更多了一种真实的、真实的表达。

在美学经验方面,阳明建筑有别于西方建筑强调形式与空间的视觉体验,而转向强调个人的体验,将视觉体验从视觉经验带入到心灵的境界,追求情景交融、物我合一,在心物间寻求一种和谐,以至更高层次上的托物言志、形以寄理的精神世界。

换句话说,阳明建筑在形态上实现了突破,超越了社会理性,超越了神的思维,达到了"人"与"建筑"、"自然"的完美结合。这样,阳明建筑的另外一种特色就是"自我"。

由此可以看出,"自然"与"我"是阳明的"理"的两个层面。二者之间,并不是对立的,而是一种融合和共存的关系。"自然"是阳明建筑的一种先天存在,顺应自然,天人合一,即使"自我"与自然融为一体,以一种自然的方式实现"我"

与"我"的统一,从"自然"中体验"我",再把"我"和"自然"结合到更高的层次。所以,在阳明的建筑中,"自然"和"自我"并不存在"第一性"和"第二性"的问题,而只是一种相互依存的关系。从讨论的角度来看,天人合一、时空观念、主客体关系理论都不能很好地区别"自然"和"自我"的元素,它们总是处于一种胶着的状态。"自然"与"自我"的互相包容与渗透,是阳明传统建筑"理"的一个整体,是阳明传统建筑的整体特征。

二、"理"的知觉根源

阳明文化是阳明传统文化的一种外在体现,而阳明文化则是中华文化的一种,它的发展和演化一直都是由外来的文化所影响的,它的发展和演化是通过不断的文化交往而逐渐形成的,它的特点就是南北两种文化的相互吸收,相互转化。从南方传入的北方儒学文化,在阳明得到了阳明的诠释,而道教文化又与阳明山优美的自然景观相融合,形成了一种精神上的慰藉。而阳明文化特有的"自由"意识,则是与"主流"不同的一种形式,成为中原人民情感的宣泄和心灵的寄托。阳明文化可以说是一种"诗性自由"的立体动态系统,它将"儒家思想"与"道家思想"、主体觉醒相结合,从而构成阳明传统的"理"的感知之源。

(一)阳明文化之理的诠释

阳明文化是中国传统文化的重要组成部分,它对中国传统文化,尤其是建筑文化,有着持久而深刻的浸润。阳明文化注重人伦的教化,强调一种合乎逻辑的秩序,一种集体的自觉,一种由人的本能到一种社会的理性。阳明文化与当地的自然气候、人文特质相融合,由阳明之人重新解读而成,成为具有阳明情怀的民间阐释。由此,阳明的伦理内因在其人文性格、宗教伦理、审美哲学等多个层面上得以显现,构成了他的社会伦理与人学秩序。

(二)从入世精神到善学品质

阳明的文化主张"修身,齐家,治国","以德治国";"一统天下"的政治理想,体现了"入世"的思想。把"入世"的精神志向转变为一种切实可行的"崇文"和"尚学"的优秀品格。"学而优则仕"这一思想取向在阳明身上得到了全面的反映。

其次,阳明文人性格中也有坚韧的一面,同时也保持着悍勇坚韧的精神意念,以及一种坚忍不拔的坚韧精神。

三、阳明传统建筑自然观

就像所有的人造物品一样,人类把以生产和使用为主要目的的人造物品叫做"实用物",以表现某种社会观念和智力的人造物品为"观念物"。建筑是一种功能与意义的表现形式,它具有实用与观念双重内涵,但在不同的文化背景下,其侧重点也不尽相同。在西方文化系统里,作为人的价值载体,建筑常常以一种孑然于自然的姿态,在形式、空间、精神上,都是一种对自己有用的态度与价值的表现。而在中国,从来没有像西方一样,把建筑看作是永生的东西。李渔言:"人不能没有房子,也不能没有衣服。"古人对于建筑的态度,就像日常生活用品,与自然和谐一致,而非与自然相抵触。但南北之间在建筑象征的表现方式上存在细微的差别。孔子把建筑符号化为人类社会的道德规范,通过建筑(团体)的宏伟来体现人的高尚品格。在这样的观念下,从城市的格局到一般的住宅,都有严格的等级结构和条理分明的轴意识,到处都是人为的痕迹和礼仪的要求。这种超稳定的现实结构在心理上有启蒙的作用。虽然在西方的意识中,建筑的建造并非天然"为用",但是在礼义的精神层面上,它是一种"为用"。

如果说中国传统儒学的建筑理念是人的"有为"、"无为"的主体意识,那么阳明的建筑理念就是"无为"、"无用之用"。换句话说,在老子的观念里,建筑是对宇宙本质的一种再现与象征,而这一象征性,则是阳明的"天人合一"理论所充分体现的。

(一)"天人合一"论的阳明诠释

"天人合一"的哲学思想发轫于春秋,孟子最早就有"人命天予"的思想,把人间与天地相连接,认为天地乃人性之根本。老子对"天命"思想的进一步传承,把它作为"道"的形式加以阐释,具有"玄学"的思想特色。无独有偶,在西方哲学中也有类似的天人关系理论,比如柏拉图的"观念说",与中国的"天人合一"理论有异曲同工之妙,但西方哲学把"天"归为"物",是"物"的统一体。实际上,从思想根源、思想观念上看,"天人合一"思想对中国传统的建筑建设产生了深远的影响。从不同的"天""人"和"合一"的角度来看,由于地理环境、意识形态和文化渊源的不同,"天人合一"的思想内涵是十分丰富的。在此基础上,作为中国传统建筑文化的一种,阳明建筑文化所反映的并不是"天人合一"的全部内涵,而只是"天人合一"的一部分。阳明建筑文化中的"天人合一"思想,就是要发掘其中的一条具体的思想脉络,使之得以展现。

要理解"天人合一",必须明确两个问题:一是天与人的二元关系;二是"合一"的问题。

中国"天人合一"的传统观念始终存在这样两个问题:"人"是什么? "天"是什么? 这是什么关系? 关于这一命题,中西哲学在本质上是不同的,而儒家和道家在理解上也存在着不同。人是主体思维的源头,不管是西方国家还是东方国家,都承认了人的正当性。但儒、道两家对人的阐释则呈现出明显的差异:儒家将人的本性异化,仅保持其社会的理性与伦理,而阳明道家的传统观念则认为,人是具有个人情感与本性的人。而个人的苏醒,则是阳明之"人",其本身就包含着原始的情绪欲望。阳明在认识"人"的过程中,认识到人的本性与情感诉求,从而为阳明美学中的"意境说"提供了理论依据。

"天"这一概念,在西方被概括为"物"的广义观念,即一切事物的集合,而建筑则是一种生存状态,处于一切事物之间的联系。而儒家的"天"观则相对狭隘,只有在儒家的视野中才能看到天道的次序和宇宙的次序,而在建筑上,天地与人类社会的关系也是如此。亦即"义"之"天",是一种"实用主义"的宇宙观念。在阳明道家的观念里,"天"是一种不加人为修饰的"天",它是天道、自然、宇宙万物的本质,它消除了宗教意义和社会实践的内涵,而建筑则是"小宇宙",与宇宙同构。

(二)阳明的一元论"人合于天"

从全球来看,从思维发展的层次和认识的深度来看,人与人之间的时间关系有三个层次:"前主体性"、"主、客体"、"后主—客"三个阶段。"前主体性"阶段是主客体不分的关系认知,是主客两种不同的关系。"主—客体二元"阶段,是人类主体的主体的充分发挥,从而产生了以知识征服对象的自然科学。后主客关系是天人关系发展到了一个新的高度,它超越了前一期的主客体的混沌,并摒弃了后主客关系的扩展,进入了天人合一的境界。在西方的天人关系中,古希腊早期哲学已处于"前主体性"的朦胧状态,黑格尔的"绝对精神"则是"前主体性"的主客体的统一。但是,随着笛卡尔几何学的确立,"主客二元论"逐渐成为西方认识天人关系的主要方式。主体通过认识的桥梁来达到与对象的统一性,而这一统一性是以物质损失为代价的,换句话说,就是科学认识。海德格尔在现代哲学中又一次继承了黑格尔的学说,进一步提出了"天"、"人"、"神"、"主、客"、"主客体"的概念。

[图 阳明之城 < 崇义 >:一城(阳明心城)一寨(左溪阳明寨)一馆(王阳明展馆)一院(阳明书院)]

从黑格尔"绝对精神"的角度看,中国早期的天人关系因自然科学发展的限制而缺少(并非完全无)主客两方面的科学认识论,因此,在封建社会的整体上,天人合一的思想并未进入到主客体关系的第二阶段,仍处于"前主体性"的束缚之中。传统的建筑观念也表现出一种混沌的思维特点,所有形而上学的观念,如功能、意义、精神等,都还没有被区分开来。然而,正是这种混乱的关系系统,才能完美地体现出建筑与自然之间的和谐。但值得注意的是,儒家和道家对于"合一"的看法有很大的不同。在儒家眼中,"礼"和"道"被认为是"与天同德"的最高规则,"天地"的秩序要通过"人间秩序"来表现,而"建筑"则是"天"在"物"的具体化,这样,才能使天道秩序与人间秩序"合一"。阳明"合一"的思想,与北方的儒学有很大的区别。首先,阳明的"天人关系"是中华传统文化的一个分支,也是"前主体性"的一种。但阳明县地处偏僻,受到礼乐的政治影响相对较小(这也不是没有,中原三次南迁,将儒家思想传播到了南方),再加上阳明人的自然环境和优美的风景,阳明人的性情也比较柔和、随性,所以阳明的天人合一思想很大程度上是继承了道教"人合于天"的学说。

阳明在长期以小农为主的社会中,形成了一种崇尚自然的心态,在传统的聚落规划与建设中,寻求"自然性",即"山川是其血脉,是其头发,是烟是色"。追寻自然的宇宙本质,从阳明的山川河流中,寻找到一种与大自然融为一体的和谐,将自己融入到周围的环境中,寻求一种与天地相融的境界。如果把儒家比喻为一双鞋,那就是两只脚的自由,而道教的自由则是一种完全不受约束的自由。在建筑、园林、城市规划等方面,道教崇尚一种超越伦理功利的纯粹的艺术境界,以自然胜过人工,以质朴胜过华美。如果说儒家的天人合一是"天合于人",道家的"天人合一"就是"人合于天",这是一种天道的自然状态,是一种"天人合一"的精神追求。另外,于阳明使人的主体意识得到了唤醒,使道教的"天人合一"更进一步,从而达到了"自我"的"一"。

二、阳明传统建筑的"天人合一"

(一)互为依存——结构中的二元对反关系

《易经》中的"S"形曲线,体现了人与自然和谐、自然与建筑和谐、明暗和谐的和谐,这条生命线的运行轨迹似乎包含了动和静的相辅相成。阳明的许多传统村落都采用了这种"人与自然"的结构形式,浙江诸葛村早期的聚落形式更是以"太极八卦"为基础,以"建筑"与"水"的结构形式来实现"天人合一"的"原始欲望"。

此外,太极八卦所体现的二元对立的思想意蕴,也深刻地影响着阳明的建筑空间。北方地区因皇帝的绝对统治,从城市布局到官制建筑到平民住宅,都是一层一层的线性关系,总是以明确、绝对、统一的实体空间为主,不容许有对垒、互不相干的空间表现。与之相反的是,在阳明的建筑空间观念中,总是存在着两种对立的力量,它们和谐、动态地并存,构成了一种永恒的二元对立关系:有,没有;大,小;真实,虚幻;动、静;直、曲;收、放……所有的一切,都在不断地变化、相生相克、循环不息。在永恒的运动中,没有哪个更重要,哪个更好。

在缺乏空间主体性、线性化的情况下,人们对阳明建筑空间的认识会陷入一种迷茫与迷茫之中。但是,正是这种反差的存在,使人的内心产生了一种强烈的精神力场和感知力,使其在更高的层面上与周围的环境融为一体。

（二）合乎自然的曲线和变调特点

与自然的结合无疑是一种典型的"曲线"思维,而"曲线"是人类认识事物的初始阶段,"直线"系统可以最直接地传达事物,给人以直观的感知形象,而"曲线"的发现与运用,则是人类的认知思维演化过程,是一种充满情感的状态。事实上,直线是人类的一种抽象的思考方式,在自然界中,没有一条直线是绝对的,所有的东西都是一条曲线。

美国现代建筑大师波特曼曾说:"人们更喜欢弧形的形状,因为他们更具生命力,更自然。不管你看大海,看山峦起伏,看着天空中的白云,没有一条笔直的直线。在没有被改变的大自然里,你是看不见直线的。人类的智慧和线条联系在一起,而情感则和自然的曲线联系在一起。"

（三）与内在相结合的自我意识

无论是"天合于人"的儒家思想,还是"人合于天"的道家,都是"合一"的外在表现,而在阳明,随着人们的自我意识的苏醒,人们的天人合一观念也逐渐从内心深处转变。"阳明"的人开始认识到自己的"现世"存在,"人的价值"、"意义"和"生命本原"的最终关怀得以展现,这是"人本"的体现,是"老子"的"天人合一"观的内在""合";这就是阳明天人哲学在人生的局限之外,达到了最终的价值意义。人们重视心灵修养的"明心见",比儒家、道家的"天人"关系具有更大的发展意义,这是"阳明人"的另一个典型特点。

所以,怎样才能与自己的心相契合? 老子提倡"内",即是要摆脱功利、伦理、政治的羁绊,回到"内在",达到"空灵"的境界。在虚无中澄怀味象,达到"心物合一"的境界。这一精神在阳明传统的园林建筑中得到了完美的反映。阳明园林虽然以动观为主,但其空间的营造却是以静为主,这与老庄"虚境"的思想密不可分。以"理水"为例,因空间狭小,常将园林表面处理为静水,静水可令人敛神冥想,对自己的反光,传递出一种空灵的感觉,而水中却不是一片死寂,岸上垂柳静抚;微风拂过,湖面上的建筑,泛起一圈圈涟漪,不时有鱼儿跃出水面,给人一种生机勃勃的感觉。它的"静",它的意思是"动",只有静止的景色,才会被刻意地移动。在这种状态下,他的心灵得到了净化,他的精神和他的精神联系在了一起,他的"道"就这样出现了。就天人与物我的关系而言,"物我合一"的境界不可能在主客二元的结构中实现,它是主体的自我意识消解,把我物化到物的层面,是"以物观物,所以不知何为我,何为物"的"无我之境",是人与天地万物的生命精神相融的一种静谧的超然。这是与心相融的第一个步骤。

但"消我"并非最终目的,它的最终目的在于"有我",它使我的有限的生命在物质与我的统一状态下,升华为无限的本体,它是一种理性的、没有目的的快乐。阳明建筑、园林等一切环境艺术,都是通过一种虚无飘渺的对象景物与主体之间的相互渗透、融合,达到"物我合一"的境界,然后,通过"我"对自己的"我"的关注,将个人的自我重新塑造,达到"有我之境"的境界,从而达到"以我为我"的"有我之境",完成主体的情绪的表达和升华,这是一种深层的精神享受,是主客、天人关系的更高层次的结合,是道家"物我合一"的升华,是内在的契合,阳明传统建筑的"天人合一"在这种矛盾的统一体中得到了阐释。

参考文献

［1］贾巍.王阳明的"知行合一"思想及当代价值研究［D］.延吉:延边大学,
2017:21–33.

［2］辛小娇.王阳明的"致良知"与"治心"思想［J］.贵州大学学报(社会科学
版),2015,33(02):60–64.

［3］梁花.王阳明德育思想及其现代意义［D］.哈尔滨:哈尔滨工程大学,2014:
90–97.

［4］刘喜波.王阳明心学体育思想之探究［J］.体育世界(下旬刊),2013(04):
47+43.